红塔烟叶基地

K326品种优质烟叶生产优化技术

◎ 常　剑　陆俊平　顾问
◎ 赵文军　陈　华　主编

U0247068

中国农业科学技术出版社

图书在版编目（CIP）数据

红塔烟叶基地 K326 品种优质烟叶生产优化技术／赵文军，陈华主编. --北京：中国农业科学技术出版社，2021.12
ISBN 978-7-5116-5620-9

Ⅰ.①红… Ⅱ.①赵…②陈… Ⅲ.①烟叶-栽培技术-研究-云南 Ⅳ.①S572

中国版本图书馆 CIP 数据核字（2021）第 254354 号

责任编辑 周　朋
责任校对 马广洋
责任印制 姜义伟　王思文

出 版 者 中国农业科学技术出版社
　　　　　　北京市中关村南大街 12 号　邮编：100081
电　　话 （010）82106643（编辑室）　　（010）82109702（发行部）
　　　　　　（010）82109709（读者服务部）
传　　真 （010）82106631
网　　址 http://www.castp.cn
经 销 者 各地新华书店
印 刷 者 北京建宏印刷有限公司
开　　本 170 mm×240 mm　1/16
印　　张 9.75
字　　数 170 千字
版　　次 2021 年 12 月第 1 版　2021 年 12 月第 1 次印刷
定　　价 58.00 元

序

原料保障上水平是卷烟上水平的重要基础。自 2009 年国家烟草专卖局推进实施现代烟草农业基地单元建设以来，红塔烟草集团已在全国 7 省 21 市累计建设国家局层面基地单元 54 个，随着基地单元建设的不断推进，集团的原料基地化采购率也在逐年提高。为进一步提高集团原料的基地化采购率、提升集团烟叶采购的精准度、增强集团对基地烟叶生产的管控能力、提高烟叶质量，不断提高烟叶质量与工业可用性的符合性，集团又在玉溪、楚雄、大理、昭通四大核心原料产区规划基地单元 25 个，逐步实现原料供应基地化，促进优质原料逐步向核心产区聚集。

生态决定特色。良好的自然生态条件是烟叶风格特色形成的主要因素。充分考虑海拔、土壤、积温、光照、降水、无霜期等主要生态因子，对烟叶产区进行规划布局，"特色优质烟叶"的生产对生态环境的要求就更加严格。集团在基地单元建设中，充分考虑自然生态条件，根据"生态相似性原则"进行产区评价与规划布局。

品种彰显特色。K326 品种因香气质好、香气量足、吃味纯净、劲头与浓度适中、燃烧性强等特点，是集团卷烟不可或缺的主料配方，对清香型风格特色的形成具有支撑作用。集团在参与"以品牌为导向"的烟叶基地单元建设中，充分发挥了工业主导的作用，根据集团卷烟的清香型风格特色对原料质量的需求，结合 K326 品种的生态适宜性和烟叶生产实际，通过主导规划、主导品种、主导关键技术等措施，烟叶生产管理水平和烟叶质量得到了提升。

技术保障特色。在烟叶生产中，关键生产技术的科学配套与落实是凸显烟叶质量的重要保障。在烟叶生产过程的诸多环节中，烟株的养分调控和烘烤技术是影响烟叶品质形成最为重要的两个环节。目前，烟叶施肥仍然存在着单位面积施用量偏高、有机肥资源利用率低、施肥结构不平衡等问题。目前所开展的测土配方施肥，虽然掌握了土壤信息资源及养分含量，但对不同生态环境下、不同土壤类型的土壤养分供给能力并没有研究和明确，而是过分重视对当季施肥量的管理，忽视了土壤营养背景的有效养分供给能力，从而导致在同一施肥管理中，低肥力土壤常因营养供给不足出现烤烟产量下降，高肥力土壤也时常因营养过剩出现"憨烟"，产质量均受影响。

三段式烘烤工艺的推广应用大大提高了烟叶烘烤质量。三段式烘烤工艺具有广泛而普遍的指导意义，也正因如此，三段式烘烤工艺也具有一些针对性不强的缺点，尤其是在不同的自然生态条件下或一些特殊气候环境中，对下部烟叶和上部烟叶的烘烤指导性不强。

通过长期调查发现，在 K326 品种烟叶烘烤过程中，对烘烤质量影响最大的就是上部烟叶及雨后烟叶在烘烤过程中所产生的挂灰烟、烤青烟、枯糟烟及无使用价值的烟叶，这几类烟既影响烟叶外观质量，也影响烟叶内在品质，给工业和农业都带来一定的损失。

根据国家大农业发展趋势、行业原料发展背景及集团原料保障现状，结合目前烟叶生产实际，针对烟叶生产中养分管理存在的问题，通过试验研究和各种方法的综合配套，实现施肥结构进一步优化、施肥方式进一步改进、肥料利用率稳步提高的目的。通过项目研究，调整和优化烟株养分管理，改善"烟株-土壤"系统养分循环和平衡状况，改善烟株群体的养分均衡度，提升烟株营养调控与管理运筹水平，最终实现烟叶生产中化肥控量提质增效的目的。在三段式烘烤工艺的基础上，紧密结合烟区生态环境和一些特殊的气候环境，进一步优化和调整下部烟叶、上部烟叶及雨后烟叶的烘烤工艺参数及流程，减少挂灰烟、烤青烟、枯糟烟及无使用价值烟叶的比例，降低烟叶烘烤损失，提高烟叶烘烤质量，增加烟农收入，提升烟叶原料的工业可用性。

在提升烟株营养管理水平及优化烘烤工艺研究成果的基础上，配套成熟的优质烟叶生产管理技术，全面提升烟叶生产管理水平和烟叶质量，在增加烟农收益的同时，提高烟叶工业可用性，促进烟草产业的可持续发展。

编　者

2021 年 9 月

目　　录

第一章　K326品种和红塔烟叶基地K326生产概况

第一节　K326品种概况

一、K326品种

K326是美国诺斯朴·金种子公司（Northup King Seed Company）用Mc-Nair225（McNair30×NC95）杂交选育而成的品种。1985年从美国引进云南省，在烟区多点试种、扩繁和推广，表现出适应性广、丰产、优质、抗病、易烤等特点，深受广大烟农欢迎。1988年经云南省农作物品种审定委员会审定为推广品种，1986—1988年被选参加全国烤烟良种区域试验，1989年经全国烟草品种审定委员会审定为全国推广良种。

K326烟株呈筒形或塔形，株高110~130cm，节距4.0~4.9cm，茎围7.0~8.9cm，叶数24~26片，有效采烤叶数为18~22片。腰叶长椭圆形，长70cm、宽30cm，叶色绿色，叶尖渐尖，叶缘波浪状，叶面较皱，叶耳小，主脉较细，叶片厚度中等，叶肉组织细密，茎叶角度大。花序集中，花冠淡红色。

K326移栽至中心花开放52~62天，大田生育期120天左右。该品种耐肥性较好，田间生长整齐，腋芽生长势强。高抗黑胫病，中抗青枯病和根结线虫病，感野火病、普通花叶病、赤星病和气候型斑点病。

二、K326田间栽培

K326品种耐肥性较好，但是氮肥利用率较低。因此，针对K326品种需肥特性、养分吸收规律及对水肥条件较为敏感的特点，在做好测土配方施肥的基础上，重点做好"稳磷、增钾、补微"，氮磷钾平衡协调，促进烟株早生快发，生长发育充分。

一是要做好以水调肥。K326 品种不耐旱，干旱易引起叶片狭小，上部叶开片差、身份厚、难烘烤等问题。因此要加强以水调肥技术，在旺长期加强水分管理，促进根系活力，提高养分利用率。

二是合理增施有机肥。通过增施有机肥改善土壤通透性，提升 K326 品种烟叶油分，普通商品有机肥施用量不少于 100kg/亩①，油枯型商品有机肥施用量不少于 60kg/亩，自制腐熟农家肥施用量不少于 500kg/亩。

三是适当增施钾肥。对于 K326 烟株长势过旺、落黄较为困难的田块，可适当喷施叶面肥进行补钾，促进烟株落黄成熟。

四是加强病虫害防治。K326 品种易感普通花叶病、赤星病。坚持"预防为主、综合防治"的病虫害防治原则。使用国家烟草专卖局和中国烟草总公司云南省公司推荐的低毒、低残留农药品种，提高烟叶安全性；加强烟农的教育引导，做到科学、安全、规范使用农药，对症下药；积极开展烟蚜茧蜂生物防治、性诱剂杀虫、色板诱杀等绿色防控技术，提高烟叶安全性；及时清除田间杂草和病叶、病株、烟花、烟杈等烟株残体及废膜、药瓶、药袋等废弃物，以减少病虫源，避免病虫害传播。

五是适时封顶留叶。在中心花开放达整片田块 50% 时进行封顶、田烟单株有效留叶数 20～22 片，地烟为 18～20 片。同时抹去长度大于 2cm 的腋芽，100%使用抑芽剂进行化学抑芽，做到田间"无间套作、田间长势均匀一致、烟株顶无花腰无杈"的要求。

六是坚持成熟采收。准确把握 K326 品种烟叶田间成熟基本特征，严格遵循"下部烟适时早采，中部烟成熟采收，上部烟 4～6 片充分成熟一次性采收"的烟叶采收原则。

七是加强科学烘烤。针对 K326 烟叶的烘烤特性，根据品种成熟特性和鲜叶素质，推行鲜烟分类、专业化烘烤。规范编烟装烟，分类编烟做到同竿同质；排队装烟做到同层同质和上下均匀一致；推行三段式烟叶烘烤技术，科学控制"温湿度"，做到烟叶烤黄、烤香。

---

① 1 亩≈667m²，15 亩＝1hm²。全书同

三、K326 烟叶采收烘烤

K326 中、下部叶分层落黄成熟，上部叶集中成熟、耐养性好。比红花大金元好烤，较云烟系列品种难烤。烘烤变黄、失水较快，易定色；下部叶易烤枯，上部叶易烤挂灰；烤后黄烟多，青烟少，杂色烟多。

1. K326 烟叶采收成熟度

烟叶达到"叶黄、筋白、毛脱、下垂、叶龄足"，即当叶面落黄六至八成，支脉、主脉退青变白，茸毛部分脱落，茎叶角度增大时采收。下部叶适熟早收，中部叶成熟稳收，上部叶养熟一起收。

下部叶：着生位置低，通风透光差，叶片水分含量高，干物质积累少而偏薄，因此，宜适熟早收。一般在打顶后 7~10 天，落黄六至七成时采收。

中部叶：通风透光好，水分含量适中，叶片干物质积累较多、厚薄适中，较耐养，因此，宜成熟稳收。一般在打顶后 25~30 天，落黄七至八成时采收，成熟一片采收一片。

上部叶：着生部位高，通风透光性强，叶片含水率低，干物质积累多且厚，组织紧密，因此，宜等 4~6 片（以倒数第二叶起数）养成熟后一起采收。当顶部第一至第三叶落黄八成（以黄为主）左右，主脉全白发亮，侧脉大部分（2/3 以上）发白，叶面有明显的黄白色成熟斑时采收。

2. K326 烟叶编装密度

K326 烟叶宜"稀编密装"，即编烟要"稀"，装烟要"密"。

稀编。编烟前，先按照烟叶大小、成熟程度等进行分类，编竿（或夹烟）时，每束 2 片，每竿 100 片左右（每夹 15kg 左右）为宜。

密装。装烟竿距以 10~15cm（烟夹则基本相连）为宜。把成熟度较高、变黄快、感病较重的烟叶装在高温层，成熟适中、感病一般、变黄适中的烟叶装在中间，成熟度较差、变黄慢、感病轻的装在低温层。装烟后，同层同质同成熟度，每层装烟数量和稀密均匀一致。

3. K326 烟叶烘烤关键技术

K326 烟叶烘烤在低于 40℃时可适当提高温湿度，促进烟叶变黄；烟叶变到青筋黄片，温度达到 42℃时就要适量排湿，促使烟叶失水凋萎变软；温度在 47~48℃时要稳温延时，促使烟筋褪青。

（1）三步升温变黄

第一步，装烟后，以每 1h 升 1℃的速度，将干球升到 34~35℃，湿球升到 33~34℃，使叶尖变黄 5cm 以上。第二步，以每 2h 升 1℃的速度，将干球升到 38~39℃，湿球升到 35~36℃，干湿差 3~4℃（中上部叶为 2~3℃），稳定这一干球温度和湿球温度，烤到高温层烟叶变黄八成左右，叶片发软。第三步，以每 1h 升 1℃的速度，将干球升到 42~43℃，保持 35~36℃的湿球温度，使高温层烟叶完全变黄，凋萎变软，叶尖勾卷，转入定色干叶期。此阶段要注意防止烟叶出现只变黄不变软的硬变黄现象。

（2）慢升温、稳排湿定色

进入定色干叶期，要使叶片全部定色干燥，烟叶大卷筒。因此这一阶段要慢升温、稳排湿。以每 2h 升 1℃的速度，将干球升到 46~48℃，湿球升到 36~37℃，保证低温层烟叶全黄、凋萎变软，稳温烤到全炉烟筋基本变黄，烟叶勾尖卷边小卷筒。再以每 2h 升 1℃的速度将干球升到 50℃，适当加快升温速度，以每 2h 升 1.5℃或每 1h 升 1℃的速度，把干球升到 54~55℃，湿球升到 38~39℃，保持这一干球温度和湿球温度，加大排湿速度，烤到叶片全干、大卷筒时，即可转火进入干筋期。

（3）速升温干筋

定色干叶结束即可加快升温，以每 1h 升 1~1.5℃的速度，将干球升到 65~68℃，湿球升到 40~41℃，稳定这一温度和湿度烤干全炉主脉。

四、K326 上部叶烘烤技术

K326 上部叶，不能采用"低温低湿慢变黄、延长变黄期、慢升温定色法"烘烤。因为变黄温度太低，烟叶变黄太慢且时间拖得太长，特别在 30℃左右的阶段烤得过长，会导致烟叶表皮组织水分散发，叶内组织水分扩散不出来，造成烟叶内的水分扩散和叶表面水分散发失调。变黄后期和定色期升温稍快，烟叶内组织水汽就会蒸伤叶表组织而挂灰。所以，K326 上部叶的烘烤技术在变黄期和定色期应做改进。

1. 保湿增温促变黄

烤烘上部叶，在变黄期要尽量保持烟叶水分，提高烟叶组织温度，促进烟叶尽快变黄及内含物质充分转化。因此要适当提高变黄期的温湿度，缩小干湿差。不要在 35℃以下拖得过长。叶尖叶边变黄后，应及时将干球升到 38~39℃，湿球升到 36~37℃，烤到八至九成黄或黄片青筋。再微加火力，缓升温至 42~43℃，保持 37℃的湿球温度，烤到叶片全黄，大多数支脉变黄、凋萎变软后再转入定色干叶期。

2. 速排湿稳定色

在43℃，烟叶接近完全变黄时进行微量排湿，烤到变黄期结束、定色干叶期开始时，稳转火，慢升温，稳排湿。按每1.5~2h升1℃的速度，使变黄的烟叶及时定色，同时促使未变黄的支脉完全变黄。干球升到50℃时，全开进风门速排湿，加快升温，每1h升1℃，将干球升到54~55℃，湿球升到39~40℃，保持这一温度和湿度，排湿干叶，烤到叶片全干、大卷筒时进入干筋期，烤干主脉即可。

第二节　红塔烟叶基地K326生产概况

品种是烟叶外观质量、内在质量、使用质量和风格特色的基础，特色优质烟叶，更是卷烟品牌差异化立足市场的根基。K326品种烟叶品质优良，香吃味好，清香型风格突出，是中式卷烟特需原料，K326品种作为红塔集团卷烟品牌"清香型"风格的重要原料支撑，具有不可替代的地位。K326品种刚引进时，由于烟农没有掌握相应的种植技术加上管理粗放等因素，该品种在试种阶段收成不佳，烟农对其的接受程度并不高。但随着红塔集团对K326的种植管理等技术设立课题进行研发和改进，该品种的优势逐渐得到体现，K326新品种课题的试验成功，改变了当时国内烟叶品种单一的局面，该课题获得了国务院颁发的1993年国家级星火奖二等奖。如今，K326已成为最能体现红塔集团卷烟品牌清香型风格特色的原料品种，在遍及全国的红塔集团原料基地中，都涌动着该品种汇聚成的绿色海洋。

自1985年建立第一个烟叶基地至今，红塔集团的品牌导向型烟叶基地已经遍及云南、福建、江西、辽宁等7个省41个县，种植面积达140.96万亩，采购量占全年采购计划的87.1%。目前，以云南为主，覆盖全国主要优质烟区的红塔集团品牌导向型基地单元建设新格局已初步形成。

2007年，国家烟草专卖烟草专卖局领导提出了"现代烟草农业"概念，明确指出我国烟叶生产要努力实现由传统农业向现代农业转变。2009年，国家烟草专卖局部署推进现代烟草农业基地单元建设，红塔集团坚持"基地共建、生产共抓、品牌共创、发展共赢"的合作机制，充分发挥"工业主导、商业主体、科研主力"的作用，在全国7省21市39县共建54个国家烟草专卖局层面烟叶基地单元。在国家烟草专卖局和各省烟草专卖局组织的评价验收中，有25个单元被评为优秀，集团在烟叶基地单元建设中的做法、经验和所取得的成效在行业一直处于引领地位，多次受到国家烟草专卖局领导的表扬。

为保障集团优质烟叶原料有效供给，烟叶基地单元品种布局原则上以 K326 为主，切实推动烟叶原料供给侧结构性改革。集团在全国开展烟叶基地单元建设，为集团品牌规模扩张和结构提升提供了坚实的原料保障基础。

面向"十四五"，红塔集团将在推进"综合净效率"管理项目、推进"生产制造、质量管控、成本管理"三大中心建设中，始终坚持"质量第一"这个主题，持续彰显特色高端原料优势，筑牢质量保障体系，提升工艺保障能力，持续优化产品品质，助力高质量发展。烟田是"第一车间"，烟叶品质是产品质量的坚实保障，是推进品牌高质量发展的重要驱动力。近年来，红塔集团持续做优原料保障，开展"全程参与、深度介入"联合下乡，实施"一地一策""一品一策"专属烟叶生产方案，探索建立"诚信烟站"工商交接新模式，在国家烟草专卖局、云南中烟工业有限责任公司检查中等级合格率高于全省平均水平，采购 K326 特需品种纯度创近年新高。

第二章 玉溪烟区 K326 生产养分资源综合调控与管理运筹

第一节 玉溪烟区 K326 优质适产养分临界值施肥技术体系

一、技术设计

化肥，尤其是氮、磷、钾肥在 K326 烤烟的产量形成和品质提高上起着至关重要的作用。如何通过平衡 K326 烤烟生长所需营养，达到促进烟株正常生长和适时成熟落黄，改善烟叶质量的目的在 K326 烤烟管理中是亟待解决的问题。目前在烤烟的种植中，常常过分重视当季施肥量管理，而忽视土壤自身的肥力贡献，从而导致在同一施肥管理中，低肥力土壤常因营养供给不足出现烤烟产量下降，高肥力土壤也时常因营养过剩出现"憋烟"，产质量均受影响。为克服这一现象，通过 K326 施肥研究，建立一套在一定目标产质量下基于土壤有效养分贡献和当季最佳施肥量的优质适产养分临界值施肥体系，为烟叶生产精准优化施肥管理提供一种长效养分管理理念和方法。

玉溪烟区 K326 品种优质适产养分临界值施肥体系[①]构建主要包括土壤有

---

① 根据 K326 的品种特性，结合玉溪、普洱烟区烟叶生产实际，在优质适产养分临界值施肥体系构建中，适产的标准按照田烟 180kg/亩，地烟 150kg/亩来计算，优质烟叶的标准参照红塔集团烟叶原料质量需求目标。

红塔集团品牌原料质量需求目标：

（1）烟叶内在化学成分目标要求

部位	烟碱/%	氧化钾/%	氯/%	非烟碱氮（总氮)/%	两糖差/%
上部	3.0~4.0	≥1.6	<0.8	≤0.79	<8
中部	2.0~3.0	≥1.7	<0.8	≤0.82	<8
下部	1.0~2.0	≥1.9	<0.8	≤0.85	<7

（2）烟叶感官质量要求

烟叶品种特色彰显，清甜香韵突出，香气量足，香气质好，刺激小，杂气轻，口感舒适性好。

效养分贡献和当季最佳施肥量两部分：

　　K326 优质适产养分临界值＝土壤有效养分贡献量+当季最佳施肥量

　　烟株生长环境及养分吸收模型见图 1，K326 品种优质适产养分临界值施肥体系见图 2。

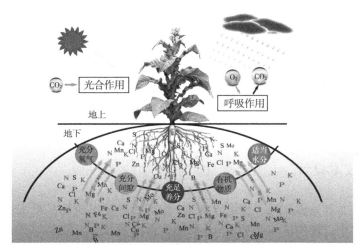

图 1　烟株生长环境及养分吸收模型

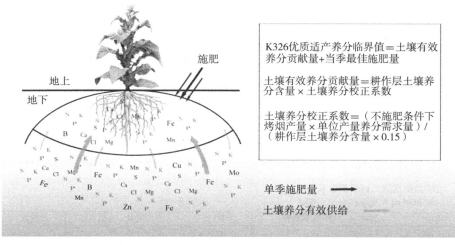

图 2　K326 品种优质适产养分临界值施肥体系

　　土壤有效养分贡献量和当季最佳施肥量均从烤烟施肥试验所得：

$$土壤有效养分贡献量=耕作层土壤养分测定值×土壤养分校正系数$$

$$土壤养分校正系数=\frac{不施肥条件下烤烟产量×单位产量养分需求量}{耕作层土壤养分测定值×0.15}$$

通过试验研究，构建烤烟特定种植区域 K326 的适产养分临界值施肥体系，就可以在烤烟种植施肥管理的推广中，只需通过测定土壤速效养分含量，再通过一定的计算确定当季烤烟生产的科学施肥量。

试验设计：试验点为峨山县小街镇由义村、易门县龙泉镇梅营村、华宁县宁州镇新城村、峨山县双江镇高平村、易门县龙泉镇中屯村、华宁县青龙镇大村 6 个点，试验地土壤类型、海拔及土壤基础肥力情况见表 1。

表 1　试验地土壤类型、海拔及土壤基础肥力情况

试验点	海拔/ m	土壤类型	pH 值	有机质/ （g/kg）	全氮/ （g/kg）	全磷/ （g/kg）	全钾/ （g/kg）	碱解氮/ （mg/kg）	速效磷/ （mg/kg）	速效钾/ （mg/kg）
由义	1 530	水稻土	7.15	48.26	2.82	1.03	22.81	198.85	26.65	223.59
梅营	1 567	水稻土	7.29	39.97	2.40	0.74	15.05	171.37	47.18	203.41
新城	1 720	水稻土	5.36	43.92	2.65	0.54	11.60	249.84	26.87	223.88
高平	1 785	高原红壤	6.51	39.91	2.25	0.73	8.57	195.09	26.08	131.74
中屯	1 684	高原红壤	7.44	20.17	1.82	0.35	19.37	150.14	13.91	233.69
大村	1 893	高原红壤	7.02	27.53	1.63	4.18	15.06	126.64	29.30	142.84

每个试验点各设 10 个处理，分别为 N0P2K2、N1P2K2、N2P2K2、N3P2K2、N2P0K2、N2P1K2、N2P3K2、N2P2K0、N2P2K1、N2P2K3，每个处理 3 次重复，小区随机区组排列，每个小区 60m²，植烟 100 株，株行距 1.2m×0.5m。各试验点当地推荐施肥量见表 2。烟叶成熟后，按不同处理分小区进行烘烤，烘烤后按国标进行分级，测定产量，并取各处理烟叶 C3F 各 5kg 做烟叶感官评吸质量分析。

表 2　各试验点当地推荐施肥量

试验点		N/（kg/亩）	P₂O₅/（kg/亩）	K₂O/（kg/亩）
田烟	由义	8.0	4.0	20.0
	梅营	7.0	3.5	17.5
	新城	7.0	3.5	17.5

（续表）

试验点		N/（kg/亩）	P₂O₅/（kg/亩）	K₂O/（kg/亩）
地烟	高平	7.0	3.5	17.5
	中屯	6.0	3.0	15.0
	大村	6.0	3.0	15.0

二、技术分析

1. 当季施肥量对烤烟 K326 产量和质量的影响

烟叶成熟后，按不同处理分小区进行烘烤，烘烤后按国标进行分级，测定其产量和产值。各试验点不同处理中产量、均价、净产值表现最好的均为 N2P2K2 处理。不同试验点 N2P2K2 处理产量产值见表 3。以水稻土为植烟土壤的田烟（由义、梅营、新城）的产量、净产值均高于以高原红壤为植烟土壤的地烟（中屯、高平、大村）；田烟中由义试验点的产量、均价、净产值最高，其产量、均价、净产值分别为 221.3kg/亩、26.0 元/kg、5 527.7 元/亩，新城试验点最低，其产量、均价、净产值分别为 182.2kg/亩、23.9 元/kg、4 157.9 元/亩；地烟中中屯试验点的产量、净产值最高，其产量、净产值为 167.5kg/亩、4 153.2 元/亩，高平试验点的均价最高，为 26.0 元/kg，大村试验点的产量、均价、净产值均最低，其产量、均价、净产值分别为 152.9kg/亩、25.7 元/kg、3 750.8 元/亩。不同试验点 N2P2K2 处理烟叶产质量对比分析见表 3、图 3、图 4、图 5。

表 3　不同试验点 N2P2K2 处理烟叶产质量比较

试验点	产量/（kg/亩）				均价/（元/kg）				净产值/（元/亩）			
	X_1	X_2	X_3	$\bar{X}$	X_1	X_2	X_3	$\bar{X}$	X_1	X_2	X_3	$\bar{X}$
由义	224.1	218.6	221.3	221.3±2.8	26.0	26.0	26.0	26.0±0.02	5 599.7	5 461.0	5 522.4	5 527.7±69.5
梅营	201.6	202.2	203.7	202.5±1.1	25.7	25.7	25.7	25.7±0.01	4 970.5	4 990.0	5 026.4	4 995.6±28.4
新城	181.6	182.8	182.3	182.2±0.6	23.9	23.9	23.9	23.9±0.02	4 139.7	4 173.9	4 160.1	4 157.9±17.2
高平	152.4	156.1	155.4	154.6±2.0	26.0	26.0	26.0	26.0±0.01	3 758.8	3 856.5	3 838.3	3 817.9±51.9
中屯	167.5	169.2	165.7	167.5±1.8	25.8	25.8	25.8	25.8±0.02	4 151.3	4 200.3	4 108.2	4 153.2±46.1
大村	150.9	155.6	152.3	152.9±2.4	25.7	25.6	25.7	25.7±0.03	3 703.2	3 814.6	3 734.6	3 750.8±57.4

注：烟叶价格参考 2013 年烟叶收购价，净产值=产值−肥料成本，肥料成本按 N 7.33 元/kg、P₂O₅ 8.13 元/kg、K₂O 6.90 元/kg 计算。

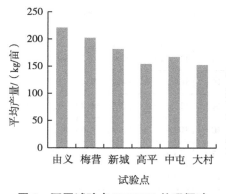

图 3　不同试验点 N2P2K2 处理烟叶
平均产量比较（2013 年）

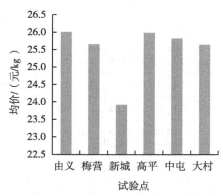

图 4　不同试验点 N2P2K2 处理烟叶
均价比较（2013 年）

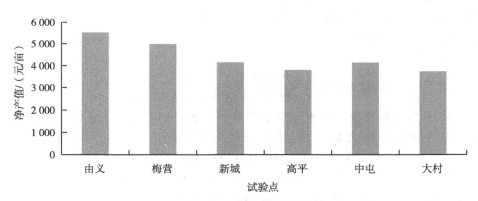

图 5　不同试验点 N2P2K2 处理烟叶净产值比较（2013 年）

2. 土壤养分对烤烟 K326 产量的影响

不同试验点缺肥处理产量见表 4，与 N2P2K2 处理相比，缺肥处理（N0P2K2、N2P0K2、N2P2K0）烟叶产量明显下降，说明土壤养分能够提供 K326 生长中的一部分养分，但不足以提供全部养分，还需要通过施肥补充。不同试验点缺肥处理烟叶产量与土壤碱解氮、速效磷、速效钾含量之间的偏相关系数为 0.916、0.875、0.756，表明缺肥处理烟叶产量与土壤碱解氮、速效磷、速效钾含量正相关。

表 4　不同试验点缺肥处理产量

试验点	NOP2K2/（kg/亩）				N2POK2/（kg/亩）				N2P2K0/（kg/亩）			
	X_1	X_2	X_3	$\overline{X}$	X_1	X_2	X_3	$\overline{X}$	X_1	X_2	X_3	$\overline{X}$
由义	110.7	112.3	110.6	111.2±1.0	111.2	110.8	108.8	110.3±1.3	96.4	97.7	99.4	97.8±1.5
梅营	102.7	105.0	106.4	104.7±1.9	163.1	164.2	166.9	164.7±2.0	94.0	91.4	91.1	92.2±1.6
新城	130.1	122.1	127.3	126.5±4.1	110.9	110.6	112.1	111.2±0.8	98.2	96.8	98.8	97.9±1.0
高平	120.8	120.7	121.5	121±0.4	107.5	106.9	109.4	107.9±1.3	93.9	91.6	92.0	92.5±1.2
中屯	92.1	93.2	91.6	92.3±0.8	73.4	74.8	73.0	73.7±0.9	101.1	102.7	102.9	102.2±1.0
大村	82.3	82.0	79.9	81.4±1.3	117.6	118.4	116.4	117.5±1.0	78.6	78.0	77.7	78.1±0.5

　　根据缺肥区产量和烟叶 100kg 经济产量所需养分量计算各试验点土壤养分校正系数，结果见表 5。总体而言，土壤养分校正系数随土壤养分含量的增加而降低，就土壤氮素、磷素、钾素养分校正系数的大小顺序而言，磷素最高，钾素次之，氮素最低。

　　土壤养分校正系数：

$$校正系数 = \frac{缺素区亩产量 \times 单位产量养分吸收量}{耕作层土壤养分测定值 \times 0.15}$$

　　0.15 为换算系数，若土壤中某种养分元素的测定值是 1mg/kg，0~20cm 的表层土壤有约 15 万 kg 土壤，则每亩该养分含量为：

$$150\,000（kg）\times（1/1\,000\,000）= 0.15\ kg$$

　　假设不施肥时的产量为 200kg，生产 100kg 籽粒产量从土壤中吸收该养分 1kg，耕作层土壤养分测定值为 25mg/kg，则校正系数为：

$$（200 \times 1/100）/（25 \times 0.15）= 0.53$$

　　也就是说该土壤中此类营养元素的利用效率为 53%。

表 5　试验缺肥区产量及校正系数

试验点	土壤有效养分测定值/（mg/kg）			试验处理及产量/（kg/亩）			土壤养分校正系数		
	碱解氮	速效磷	速效钾	NOP2K2	N2POK2	N2P2K0	氮	磷	钾
由义	198.85	26.65	223.59	111.2	110.3	97.8	0.11	0.32	0.14
梅营	171.37	47.18	203.41	104.7	164.7	92.2	0.12	0.27	0.15
新城	249.84	26.87	223.88	126.5	111.2	97.9	0.10	0.32	0.14

（续表）

试验点	土壤有效养分测定值/（mg/kg）			试验处理及产量/（kg/亩）			土壤养分校正系数		
	碱解氮	速效磷	速效钾	N0P2K2	N2P0K2	N2P2K0	氮	磷	钾
高平	195.09	26.08	131.74	121.0	107.9	92.5	0.12	0.32	0.19
中屯	150.14	13.91	233.69	92.3	73.7	102.2	0.12	0.41	0.14
大村	126.64	29.30	142.84	81.4	117.5	78.1	0.13	0.31	0.18

注：烟叶 100 kg 经济产量所需养分量采用行业标准，其中，氮素（N）需求量为 3.0kg/100kg，磷素（P_2O_5）需求量为 1.12kg/100kg，钾素（K_2O）需求量为 4.8 kg/100kg

经回归分析，可以得到土壤养分校正系数与土壤速效养分含量间的方程。

$$y_N = 0.3246 - 0.04\ln(x_N), R^2 = 0.85 \qquad 式（1）$$
$$y_P = 0.7061 - 0.116\ln(x_P), R^2 = 0.96 \qquad 式（2）$$
$$y_K = 0.6244 - 0.089\ln(x_K), R^2 = 0.97 \qquad 式（3）$$

式中，y_N，y_P，y_K 分别为土壤氮素、磷素和钾素养分有效系数；x_N，x_P，x_K 分别为土壤碱解氮、速效磷（P_2O_5）和速效钾（K_2O）的含量。在施肥体系构建、试验结果可以覆盖的新植烟区域，可以通过测定土壤速效养分的含量计算这一区域土壤养分校正系数。

3. 烤烟 K326 优质适产养分临界值施肥体系的构建

对各个试验点的试验结果采用"降维法"固定 2 个因素在 2 水平，建立肥料效应数学模型（表6），并以此计算最佳经济施肥量，根据最佳经济施肥量和植烟土壤中有效养分供给含量，确定在各试验点 K326 获得优质烟叶的适产养分临界值。

各试验点的最佳经济施肥量与试验中 N2P2K2 处理相比，由义试验点 N 少 0.210kg/亩，P_2O_5 少 0.069kg/亩，K_2O 少 0.051kg/亩；梅营试验点 N 高 0.178kg/亩，P_2O_5 高 0.134kg/亩，K_2O 少 0.490kg/亩；新城试验点 N 高 0.096kg/亩，P_2O_5 高 0.018kg/亩，K_2O 少 0.346kg/亩；高平试验点 N 少 0.127kg/亩，P_2O_5 少 0.011kg/亩，K_2O 高 0.628kg/亩；中屯试验点 N 高 0.082kg/亩；P_2O_5 高 0.015kg/亩，K_2O 高 0.298kg/亩；大村试验点 N 高 0.216kg/亩，P_2O_5 高 0.056kg/亩；K_2O 高 0.322kg/亩。各试验点最佳经济施肥量与 N2P2K2 处理差异不大。

以水稻土为植烟土壤的田烟适产养分临界值范围：N 10.237 ~ 11.161kg/亩；P_2O_5 4.824~5.467kg/亩；K_2O 22.597~24.745kg/亩。以高原红壤为植烟土

壤的地烟适产养分临界值范围：N 8.704~10.209kg/亩；P_2O_5 3.852~4.772kg/亩；K_2O 19.243~21.883kg/亩。田烟的适产养分临界值要高于地烟，说明施肥水平和产量受特定生态环境影响，与烟草平衡施肥原则一致。

表6　不同试验点 K326 植烟土壤最佳经济施肥量与优质适产养分临界值

试验点	因素	偏回归模型	最佳经济施肥量/（kg/亩）	耕作层（0~20cm）土壤养分含量/（kg/亩）	土壤养分校正系数	适产养分临界值/（kg/亩）
由义（田烟）	N	$y=-161.98N^2+2\,523.6N+2\,294.2$	7.79	29.83	0.11	11.16
	P_2O_5	$y=-387.19P^2+3\,044.2P+2\,454.3$	3.93	4.00	0.33	5.23
	K_2O	$y=-7.2018K^2+287.34K+2\,661.5$	19.95	33.54	0.14	24.75
梅营（田烟）	N	$y=-126.71N^2+1\,819.1N+1\,529$	7.18	25.71	0.12	10.24
	P_2O_5	$y=-466.14P^2+3\,388.3P+1\,153$	3.63	7.08	0.26	5.47
	K_2O	$y=-17.729K^2+637.9K+1\,738.13$	17.99	30.51	0.15	22.60
新城（田烟）	N	$y=-111.01N^2+1\,575.4N+2\,146.5$	7.10	37.48	0.10	10.99
	P_2O_5	$y=-424.8P^2+2\,988.5P+1\,647$	3.52	4.03	0.32	4.82
	K_2O	$y=-12.886K^2+459.92K+1\,834.615$	17.85	33.58	0.14	22.65
高平（地烟）	N	$y=-80.551N^2+1\,107.3N+1\,209.625$	6.87	29.26	0.11	10.21
	P_2O_5	$y=-349.09P^2+2\,435.7P+1\,462.9$	3.49	3.91	0.33	4.77
	K_2O	$y=-9.9762K^2+361.7K+1\,543.16$	18.13	19.76	0.19	21.88
中屯（地烟）	N	$y=-150.29N^2+1\,828.2N+1\,405.8$	6.08	22.52	0.12	8.88
	P_2O_5	$y=-574.96P^2+3\,467.2P+1\,611$	3.02	2.09	0.40	3.85
	K_2O	$y=-17.41K^2+532.69K+1\,202.4$	15.30	35.05	0.14	20.17
大村（地烟）	N	$y=-104.04N^2+1\,293.5N+967.5$	6.22	19.00	0.13	8.70
	P_2O_5	$y=-432.55P^2+2\,644P+1\,323.2$	3.06	4.40	0.31	4.44
	K_2O	$y=-15.703K^2+481.23K+983.845$	15.32	21.43	0.18	19.24

注：偏回归模型中的 y 为亩净产值（产值-肥料成本），耕作层土壤养分含量=（碱解氮、速效磷、速效钾含量）×0.15，土壤养分校正系数采用式（1）、式（2）、式（3）计算，适产养分临界值=最佳经济施肥量+（耕作层土壤养分含量×土壤养分校正系数）。

通过计算，海拔在 1 400~1 800m，水稻土为植烟土壤的田烟 K326 获得180kg/亩以上优质烟叶的适产养分临界值：N（10.797±1.223）kg/亩；P_2O_5（5.174±0.808）kg/亩；K_2O（23.33±3.045）kg/亩。海拔在 1 400~1 800m，

以红壤为植烟土壤的地烟 K326 获得 150kg/亩以上优质烟叶的适产养分临界值：N（9.263±2.047）kg/亩；P_2O_5（4.353±1.156）kg/亩；K_2O（20.432±3.327）kg/亩。在 K326 种植前可以通过测定土壤养分含量计算当季需肥量。

三、技术效果

烤烟 K326 品种优质适产养分临界值施肥体系构建后，2014 年在峨山县小街镇由义村、易门县龙泉镇梅营村、华宁县宁州镇新城村、峨山县双江镇高平村、易门县龙泉镇中屯村、华宁县青龙镇大村 6 个点，开展所构建的玉溪烟区 K326 品种优质适产养分临界值施肥体系的示范应用。

烟叶成熟后，按不同处理进行烘烤，烘烤后按国标进行分级，测定其产量和产值（表7，图6至图9）。

表 7　优质适产养分临界值施肥体系与传统施肥方式烟叶产质量比较

试验点		处理	产量/（kg/亩）	均价/（元/kg）	产值/（元/亩）	上中等烟比例/%
田烟	由义	T1	191.80	27.63	5 299.43	86.23
		T2	185.30	27.31	5 060.54	82.44
	梅营	T1	188.70	27.29	5 149.62	84.14
		T2	178.70	26.76	4 782.01	80.07
	新城	T1	188.40	27.21	5 126.36	82.16
		T2	178.30	26.62	4 746.35	78.13
地烟	高平	T1	161.20	27.18	4 381.42	81.54
		T2	152.40	26.71	4 070.60	75.89
	中屯	T1	166.50	27.13	4 517.15	82.18
		T2	155.70	26.68	4 154.08	77.12
	大村	T1	155.20	27.16	4 215.23	81.22
		T2	143.30	26.75	3 833.28	74.88
方差分析		T1	175.30a	27.27a	4 781.54a	82.91a
		T2	165.62a	26.81b	4 441.14b	78.09b

注：同列不同字母表示 P 在 0.05 水平下达到显著水平。T1 为优质适产养分临界值施肥体系，T2 为传统推荐施肥，均价及产值计算参考 2014 年烟叶收购价格。

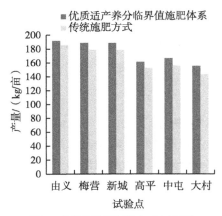

图 6　两种不同施肥方式对烟叶产量的影响对比

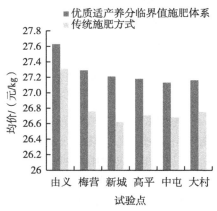

图 7　两种不同施肥方式对烟叶均价影响对比

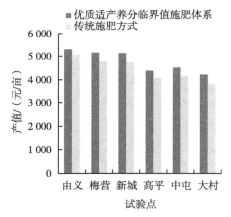

图 8　两种不同施肥方式对烟叶产值的影响对比

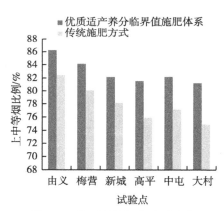

图 9　两种不同施肥方式对上中等烟比例的影响对比

　　从表 7、图 6 至图 9 的统计数据分析可得，优质适产养分临界值施肥体系处理（T1）的各项经济指标均优于传统推荐施肥方式（T2）。T1 的产量与 T2 相比有所增长，但增长不多。在均价上和产值上，T1 明显高于 T2，在上中等烟比例上，T1 比 T2 高出 3.79~6.34 个百分点。其中，地烟示范点的上中等烟比例增幅高于田烟示范点，说明优质适产养分临界值施肥体系在山区的应用效果更加明显。方差分析结果表明，优质适产养分临界值施肥体系下的均价、产值及上中等烟比例与传统施肥方式相比有显著性提高，但产量间无显著性差异。

烟叶质量评价结果（表8至表10）表明烟叶质量得到了改善，烟叶成熟度好，颜色多为橘黄色，叶片组织结构疏松，身份厚薄适中，油润度好，内在化学成分协调且均在优质烟叶要求的范围内。方差分析结果表明，优质适产养分临界值施肥体系下的 C3F、B2F 的外观综合质量与传统施肥方式相比达到了显著差异水平。

表8　优质适产养分临界值施肥体系与传统施肥方式烟叶外观质量比较

试验点	处理	等级	成熟度	颜色	叶片结构	油分	身份	色度	综合得分
B2F	由义	T1	26.4	14.6	14.4	11.0	6.5	7.5	80.4
		T2	26.5	13.8	14.6	11.0	6.2	7.0	79.1
	梅营	T1	27.1	13.8	15.1	11.3	6.2	7.1	80.6
		T2	26.7	13.5	14.6	11.1	6.3	6.6	78.8
	新城	T1	26.8	14.5	14.2	10.8	6.3	7.4	80.0
		T2	26.5	13.8	14.4	11.2	6.4	7.0	79.3
	高平	T1	26.6	14.4	14.4	10.9	6.5	7.0	79.8
		T2	26.5	14.1	14.0	10.3	6.5	6.7	78.1
	中屯	T1	26.3	14.2	14.4	11.3	6.5	7.7	80.4
		T2	26.0	14.0	14.6	11.0	6.2	7.1	78.9
	大村	T1	26.4	14.6	14.3	11.0	6.4	7.6	80.3
		T2	26.2	13.7	14.6	11.0	6.0	7.0	78.5
	平均值	T1	26.6a	14.4a	14.5a	11.1a	6.4a	7.4a	80.3a
		T2	26.4a	13.8b	14.5a	10.9a	6.3a	6.9b	78.8b
C3F	由义	T1	26.7	14.1	17.3	11.5	8.1	6.0	83.7
		T2	26.0	14.2	17.0	10.5	7.8	5.8	81.3
	梅营	T1	25.9	14.9	17.22	11.0	7.6	5.8	82.4
		T2	26.1	14.3	16.5	10.8	7.8	5.7	80.8
	新城	T1	26.1	14.0	16.1	11.7	7.9	5.6	81.4
		T2	26.1	14.2	16.6	10.3	7.8	5.4	80.4
	高平	T1	25.7	13.5	17.3	11.1	8.1	5.9	81.6
		T2	26.1	13.7	16.0	10.9	8.0	5.5	80.2

（续表）

试验点	处理	等级	成熟度	颜色	叶片结构	油分	身份	色度	综合得分
C3F	中屯	T1	26.4	13.8	17.0	10.5	8.2	6.0	81.9
		T2	25.4	14.1	15.8	10.5	7.8	5.8	79.4
	大村	T1	26.4	14.3	16.6	10.5	8.1	6.0	81.9
		T2	26.5	13.9	16.3	11.1	7.4	5.8	81.0
	平均值	T1	26.2a	14.1a	16.9a	11.1a	8.0a	5.9a	82.2a
		T2	26.0a	14.1a	16.3b	10.7a	7.8a	5.7b	80.5b

注：平均值同列不同字母表示 P 在 0.05 水平下达到显著水平。

表 9　优质适产养分临界值施肥体系与传统施肥方式烟叶内在化学成分比较

试验点	处理	等级	总糖/%	还原糖/%	总氮/%	烟碱/%	氧化钾/%	氯/%	糖碱比	钾氯比	氮碱比	两糖差
B2F	由义	T1	24.18	18.12	2.57	4.53	1.88	0.42	4.00	4.48	0.57	6.06
		T2	27.99	18.96	2.56	3.39	2.39	0.15	5.60	15.90	0.76	9.04
	梅营	T1	25.55	19.48	2.56	3.07	2.33	0.24	6.35	9.71	0.83	6.07
		T2	27.07	23.64	2.27	2.47	2.11	0.44	9.57	4.79	0.92	3.43
	新城	T1	25.01	20.80	2.48	3.36	2.34	0.34	6.19	6.88	0.74	4.21
		T2	29.26	20.91	1.99	2.31	2.38	0.27	9.06	8.86	0.86	8.35
	高平	T1	27.35	23.81	2.29	2.35	2.37	0.46	10.13	5.15	0.97	3.54
		T2	32.46	24.60	1.90	1.63	2.68	0.38	15.07	7.14	1.16	7.86
	中屯	T1	24.64	20.11	2.48	4.15	1.63	0.36	4.85	4.53	0.60	4.53
		T2	29.27	24.62	1.55	1.17	2.58	0.31	21.00	8.32	1.33	4.65
	大村	T1	21.56	16.71	2.78	3.76	2.58	0.31	4.44	8.32	0.74	4.85
		T2	30.52	21.74	2.28	2.21	2.21	0.25	9.83	8.71	1.03	8.78
	平均值	T1	24.72b	19.84a	2.53a	3.54a	2.19a	0.36a	5.99b	6.51b	0.74b	4.88a
		T2	29.43a	22.41a	2.09b	2.20b	2.39a	0.27a	11.69a	8.98a	1.01a	7.02a
C3F	由义	T1	25.91	23.32	2.09	2.25	1.99	0.44	10.36	4.52	0.93	2.59
		T2	26.79	22.28	2.19	2.97	2.34	0.30	7.50	7.93	0.74	4.51
	梅营	T1	29.51	25.62	2.29	2.76	1.84	0.45	9.28	4.09	0.83	3.89
		T2	31.38	23.33	2.01	2.44	2.52	0.40	9.57	6.30	0.82	8.05

（续表）

试验点	处理	等级	总糖/%	还原糖/%	总氮/%	烟碱/%	氧化钾/%	氯/%	糖碱比	钾氯比	氮碱比	两糖差
C3F	新城	T1	28.04	20.86	2.31	2.47	2.52	0.44	8.45	5.73	0.94	7.18
		T2	27.98	18.60	1.92	2.02	2.45	0.31	9.19	7.94	0.95	9.38
	高平	T1	25.29	22.45	2.20	3.36	1.03	0.38	6.68	2.71	0.65	2.84
		T2	24.94	19.97	2.39	2.57	2.75	0.23	7.77	12.10	0.93	4.97
	中屯	T1	27.85	24.41	2.18	2.85	2.34	0.41	8.56	5.71	0.76	3.44
		T2	25.25	19.06	2.14	3.27	2.85	0.34	5.83	8.48	0.65	6.19
	大村	T1	26.37	24.26	2.34	2.81	1.76	0.25	8.63	7.04	0.83	2.11
		T2	32.56	24.43	2.09	2.33	1.69	0.19	10.47	9.05	0.90	8.13
	平均值	T1	27.16a	23.49a	2.24a	2.75a	1.91b	0.40a	8.66a	4.97b	0.82a	3.68b
		T2	28.15a	21.28b	2.12a	2.60a	2.43a	0.26a	8.39a	8.63a	0.83a	6.87a

注：平均值同列不同字母表示 P 在 0.05 水平下达到显著水平。

表 10 优质适产养分临界值施肥体系与传统施肥方式烟叶感官评吸质量比较

等级	处理	试验点	香型	香韵	香气量	香气质	浓度	刺激性	劲头	杂气	口感	合计
C3F	T1	由义	清	8.0	12.5	12.5	8.0	12.5	5.0	7.5	16.0	82.0a
	T1	梅营	清	8.0	12.5	13.0	8.0	12.0	5.0	7.5	15.0	81.0ab
	T1	新城	清	8.0	12.0	13.0	8.0	13.0	4.5	7.5	15.0	81.0ab
	T2	田烟对照	清	8.0	12.0	13.0	8.0	12.5	5.0	7.0	15.0	80.0b
B2F	T1	由义	清	7.5	12.0	12.0	7.5	13.0	4.5	7.5	15.5	79.5a
	T1	梅营	清	7.5	12.0	12.0	8.0	12.5	4.5	7.0	15.0	78.5b
	T1	新城	清	7.5	12.5	12.5	7.5	12.5	4.5	7.5	15.0	79.5a
	T2	田烟对照	清	7.5	12.5	12.5	7.5	12.0	4.5	7.0	15.0	78.5b
C3F	T1	高平	清	8.0	12.5	12.5	8.0	12.5	5.0	7.5	15.0	81.0a
	T1	中屯	清	8.0	12.0	12.5	7.5	12.5	5.0	7.5	14.5	79.0b
	T1	大村	清	8.0	12.0	12.5	7.5	12.5	5.0	7.5	14.5	79.5b
	T2	地烟对照	清	8.0	12.5	12.5	7.5	12.5	5.0	7.0	14.5	79.5b

(续表)

等级	处理	试验点	香型	香韵	香气量	香气质	浓度	刺激性	劲头	杂气	口感	合计
B2F	T1	高平	清	7.5	13.0	12.5	8.0	13.0	4.5	7.5	15.0	81.0a
	T1	中屯	清	7.5	12.5	12.0	8.0	12.5	4.5	7.5	14.5	79.0b
	T1	大村	清	7.5	12.5	12.0	8.0	12.5	4.5	7.5	14.5	79.0b
	T2	地烟对照	清	7.5	12.0	12.0	8.0	12.0	4.5	7.5	14.5	78.0b

注：同列不同字母表示 P 在 0.05 水平下达到显著水平。

评吸结果表明，田烟中部叶（C3F）感官评吸得分均高于对照；上部叶（B2F）除梅营试验点得分与对照相当外，其他 2 个试验点均高于对照。地烟中部叶（C3F）高平试验点得分最高，其他 2 个试验点得分与对照相当；上部叶（B2F）3 个试验点得分均高于对照。总体看，优质适产养分临界值体系下有利于提高烟叶感官评吸质量。

植烟土壤养分供应状况直接影响烤烟生长和烟叶品质，烤烟 K326 适产养分临界值施肥体系是在确定烤烟 K326 一定产量目标下，同时考虑当季烤烟产量施肥和土壤背景有效养分对烟叶产量的贡献，与传统推荐施肥方式具有一致性，又有本质上的区别，是一种施肥管理的长效养分管理理念，更加符合精准农业的要求。

第二节　玉溪烟区 K326 品种有机肥和无机肥最佳施用配比

一、技术设计

随着消费者健康和环保意识的增强，烟叶生产正逐渐向绿色烟叶、生态烟叶和有机烟叶的方向发展。因此，在烟叶生产中，加强对有机肥的研究与推广应用，减少化肥在烟草生产中的施用量，提高品质和安全性，生产"特色、优质、生态、安全"的烟叶，对促进烟草产业的可持续发展具有重要现实意义。烤烟生产过中由于长期使用化肥而忽视了有机肥的使用，造成土壤板结、有机质含量下降、生物活性差，土壤贫瘠越来越严重，导致了烟叶品质逐渐下降。合理增施有机肥一方面可以增强烟株的抗逆性，促进烟株生长发育，改善烟株农艺性状，改善烟叶的成熟度、颜色、叶片结构、油分等外观质量，提高烟叶的上中等烟比例，从而提高烟农的种植效益。另一方面能使烟叶内在化学成分更加趋于协调，从而改善烟叶的评吸质量，提高工业可用性。增施有机肥对于植烟土壤的培肥和生态环境的保护、增加烟农收益、提高烟叶的工业可用性及烟草制品的安全性等方面具有积极的作用。

2013 年，试验在峨山县小街镇由义村和易门县龙泉镇梅营村各布置 K326 有机肥和无机肥不同配比试验。供试烤烟品种为 K326，由玉溪市烟草公司提供。试验用肥为烟草专用复合肥（养分比例为：$N : P_2O_5 : K_2O = 12 : 6 : 24$）、硝铵（N 30%）、钙镁磷肥（$P_2O_5$ 16%）、硫酸钾（K_2O 50%），有机肥施用峨山产商品有机肥（含氮量 1%）。

每个试验点设 4 个处理：T1，100% 无机肥；T2，85% 无机肥 + 15% 有机肥；T3，70% 无机肥 + 30% 有机肥；T4，55% 无机肥 + 45% 有机肥（以上各处理百分比均指肥料中纯 N 占该处理总纯 N 量的百分比）。每个处理设置 3 次重复，小区随机区组排列，小区面积 80m²，株行距 1.2m × 0.5m。试验过程中除肥料因素外其他均按优质烟叶生产措施进行管理。烟叶成熟后，按不同处理分小区进行采收烘烤，烘烤后按国标进行分级，测定产量，并取各处理烟叶 C3F 和 B2F 各 5kg 做烟叶品质分析。

二、技术分析

1. 不同处理对烤烟 K326 农艺性状的影响

由表 11 可知，两个试验点不同处理对 K326 主要农艺性状的影响趋势基本一致。株高、有效叶片数、茎粗、节距与有机肥的用量之间关系不显著。烟株的叶面积指数和上部叶叶面积系数等性状随着有机肥施用量的增加而增加；最大叶（长×宽）随着有机肥施用量的增加而增加，当有机肥施用量增加到 45% 时，该指标的数值有下降的趋势。从有机肥对农艺性状的影响来看，有机肥施用量在 30% 左右较为适宜。

增施有机肥可以提高土壤中有机质的含量，使耕作层土壤变松，改善土壤的理化性质。同时，增加土壤保水能力和土壤肥力，提高水分和肥料的有效利用率，使大田期烟株抗病力和根系活力得到增强，促进烟株的健壮生长，从而改善烟株最大叶面积、面积系数等农艺形状。

表 11　不同处理对 K326 主要农艺性状的影响

试验点	处理	有机肥用量/（kg/亩）	株高/cm	有效叶/片	茎围/cm	最大叶（长×宽）/cm	叶面积指数	节距/cm²	上部叶叶面积系数
由义	T1	0	99.4a	23.4a	7.98a	70.5×30.3	3.22b	4.90a	1.26b
	T2	128	95.1b	23.2a	7.98a	72.3×31.4	3.45b	4.85a	1.31ab
	T3	255	95.8b	23.2a	7.91a	74.2×32.7	3.72a	4.93a	1.40a
	T4	383	95.7b	23.2a	8.01a	73.5×30.3	3.70a	4.87a	1.39a
梅营	T1	0	117.4a	23.2a	9.04a	75.1×35.2	4.22a	5.28a	1.26a
	T2	105	117.2a	22.2a	8.73a	76.1×35.7	4.29a	5.26a	1.28a
	T3	210	116.4a	22.4a	9.17a	76.5×36.4	4.34a	5.34a	1.35a
	T4	315	117.1a	22.1a	9.23a	76.9×36.1	4.29a	5.31a	1.36a

注：不同字母表示 P 在 0.05 水平下达到显著水平。

2. 不同处理对烤烟 K326 烟叶外观质量的影响

对试验点的烤后烟叶进行取样，根据外观质量评价方法，对 B2F、C3F 烟叶进行外观质量综合评价，评价结果如表 12 所示。

表 12　不同处理对 K326 烟叶外观质量的影响

试验点	等级	处理	成熟度	颜色	叶片结构	油分	身份	色度	综合得分
由义	B2F	T1	26.5	13.0	15.0	11.5	6.0	6.5	78.5b
		T2	26.5	13.0	15.0	11.5	6.5	6.5	79.0b
		T3	26.5	13.0	16.0	12.5	7.0	7.0	82.0a
		T4	27.0	13.0	16.0	12.5	7.0	7.0	82.5a
	C3F	T1	27.0	12.5	16.0	11.0	8.0	6.5	81.0b
		T2	27.0	12.5	16.0	11.5	8.0	6.5	81.5b
		T3	27.0	13.0	16.5	12.5	8.0	7.0	84.0a
		T4	27.0	13.0	16.5	12.5	8.0	7.0	84.0a

（续表）

试验点	等级	处理	成熟度	颜色	叶片结构	油分	身份	色度	综合得分
梅营	B2F	T1	26.0	13.0	15.0	11.5	6.0	6.5	78.0b
		T2	26.0	13.0	15.0	11.5	6.5	6.5	78.5b
		T3	26.5	13.0	15.5	12.0	7.0	7.0	81.0a
		T4	26.5	13.0	15.5	12.5	7.0	7.0	81.5a
	C3F	T1	27.0	12.5	16.0	11.0	8.0	6.5	81.0b
		T2	27.0	12.5	16.0	11.0	8.0	6.5	81.0b
		T3	27.0	12.5	16.5	11.5	8.0	7.0	82.5a
		T4	27.0	12.5	16.5	11.5	8.0	7.0	82.5a

注：不同字母表示 P 在 0.05 水平下达到显著水平。

从表 12 的评分结果可以看出，在两个不同的试验点，增施有机肥后烟叶外观质量均得到了不同程度的改善，其中以 T3 和 T4 处理表现较好，且与 T1 和 T2 相比均达到显著差异水平。

3. 不同处理对烤烟 K326 烟叶内在化学成分的影响

从表 13 的检测数据可以得出，随着有机肥施用量的增加，能有效增加烟叶中总糖、还原糖的含量。随着有机肥施用量的增加，总氮和烟碱逐渐下降，说明有机肥的施用能降低烟叶中总氮和烟碱的含量。一般认为，优质烟叶的两糖差值在 3%~5%、氮碱比在 1% 左右、糖碱比在 6~10 为宜。据检测数据分析，T3 与 T4 处理的烟叶内在化学成分更为协调，说明有机肥的用量在 30%~45% 较为适宜。

表 13 不同处理对烟叶内在化学成分的影响对比

试验点	处理	等级	总糖/%	还原糖/%	总氮/%	烟碱/%	氧化钾/%	氯/%	糖碱比	钾氯比	氮碱比	两糖差
由义	T1	B2F	26.27b	23.37b	3.23a	3.72a	1.85a	0.58a	6.28b	3.19b	0.87a	2.90c
	T2		27.43b	24.95ab	3.11ab	3.63a	1.91a	0.47a	6.87ab	4.06a	0.86a	2.48c
	T3		29.41a	25.67a	2.96b	3.24a	1.88a	0.56a	7.92a	3.36b	0.91a	3.74b
	T4		30.53a	25.84a	2.92b	3.11a	2.11a	0.55a	8.31a	3.84a	0.94a	4.69a
	T1	C3F	27.46b	24.15b	2.65a	2.84a	2.01a	0.45	8.50b	4.47b	0.93a	3.31d
	T2		28.28b	23.44b	2.52ab	2.64a	2.06a	0.41	8.88b	5.02a	0.95a	4.84a
	T3		29.86a	26.04a	2.37b	2.45a	2.03a	0.53	10.21a	3.83b	0.93a	3.82b
	T4		29.51a	26.32a	2.29b	2.33a	1.84b	0.47	10.40a	3.91b	0.91a	3.19c

（续表）

试验点	处理	等级	总糖/%	还原糖/%	总氮/%	烟碱/%	氧化钾/%	氯/%	糖碱比	钾氯比	氮碱比	两糖差
梅营	T1	B2F	26.77b	23.67b	3.03ab	3.80a	1.85b	0.48b	6.23b	3.85a	0.80a	3.10a
	T2		26.84b	24.44b	3.15a	3.71a	1.97b	0.57ab	6.59b	3.46b	0.85a	2.40b
	T3		27.23b	24.95b	2.87b	3.53b	2.11a	0.67a	7.07b	3.15c	0.81a	2.28b
	T4		28.33a	26.75a	2.83b	3.22c	1.91b	0.55ab	8.31a	3.47b	0.88a	1.58c
	T1	C3F	26.24b	23.62b	2.54a	2.79a	1.88a	0.34a	8.47b	5.53b	0.91a	2.62a
	T2		24.36c	23.21b	2.41a	2.72a	1.93a	0.30a	8.53a	6.43a	0.89a	1.15b
	T3		27.65a	25.51a	2.36a	2.54a	1.86a	0.42a	10.04a	4.43c	0.93a	2.14a
	T4		27.08a	25.97a	2.18b	2.58a	1.71b	0.36a	10.07a	4.75c	0.84a	1.11b

注：不同字母表示 P 在 0.05 水平下达到显著水平。

4. 不同处理对烤烟 K326 经济性状的影响

通过表 14、图 10 至图 13 可知，烟叶产量与有机肥施用量之间无显著关系，上等烟比例、均价及产值均随着有机肥施用量的增加而升高。从 4 个不同的处理中可以看出，T3（70%无机肥+30%有机肥）处理为最优处理。在由义点，T3（70%无机肥+30%有机肥）处理与 T1（100%无机肥）处理相比，上中等烟比例、均价和产值分别提高了 7.7%、8.9% 和 9.1% 且达到显著差异水平；在梅营点，T3（70%无机肥+30%有机肥）处理与 T1（100%无机肥）处理相比，上中等烟比例、均价和产值分别提高了 4.1%、4.3% 和 6.2% 且达到显著差异水平。对产量、上等烟比例、均价、亩产值及有机肥的投入产出效益情况进行综合分析，在烟叶生产过程中，有机肥的施用量在 30% 和无机肥用量 70% 时较为适宜。

表 14　不同处理对 K326 主要经济性状的影响

试验点	处理	产量/（kg/亩）	上中等烟比例/%	均价/（元/kg）	产值/（元/亩）
由义	T1	241a	81.4c	24.01b	5 796c
	T2	241a	84.5b	25.05ab	6 025b
	T3	242a	87.7a	26.14a	6 324a
	T4	242a	87.6a	26.10a	6 303a

（续表）

试验点	处理	产量/ （kg/亩）	上中等烟比例/ %	均价/ （元/kg）	产值/ （元/亩）
梅营	T1	200a	82.1b	25.16b	5 042b
	T2	199a	83.1b	25.89a	5 142b
	T3	204a	85.9a	26.28a	5 358a
	T4	204a	85.5a	26.24a	5 356a

注：烟叶价格参考 2013 年烟叶收购价。不同字母表示 P 在 0.05 水平下达到显著水平。

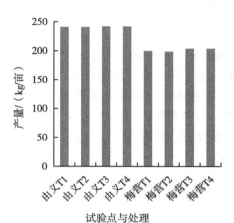

图 10　不同处理对 K326 烟叶
产量的影响对比

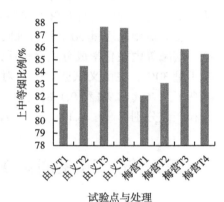

图 11　不同处理对 K326 上中等
烟叶比例的影响对比

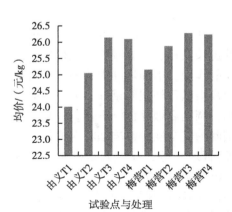

图 12　不同处理对 K326 烟叶
均价的影响对比

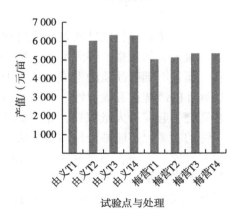

图 13　不同处理对 K326 烟叶
产值的影响对比

三、技术效果

结合上述结果分析，在无机肥施用量 70%和有机肥施用量 30%时，烟株的叶面积指数、最大叶、上部叶叶面积系数等农艺性状均优于对照和其他两个处理。但对株高、有效叶片数、茎粗、节距影响不明显。施用一定量的有机肥，有利于烤烟根系生长，能够促进烟株早生快发，烟株生长前期爆发力强，后期能够正常成熟落黄，植株的腰叶面积和顶叶面积均增加。有机肥施用比例过高，将导致早期速效养分供给不足，生长受阻，后期不易落黄，成熟延迟，从而影响烤烟的农艺性状和经济收益。

在有机肥施用量 30%和无机肥施用量 70%时，烟叶的总糖、还原糖、总氮、烟碱等内在化学成分均在优质烟叶所要求的范围内，且较为协调。有机肥施用量 30%，在由义试验点，与对照相比，上中等烟比例、均价和产值分别提高了 7.7%、8.9%和 9.1%；在梅营试验点，与对照相比，上中等烟比例、均价和产值分别提高了 4.1%、4.3%和 6.2%，烟叶综合质量有所改善。

第三节　玉溪烟区 K326 品种的钾肥施用技术

一、技术设计

钾含量是评价烟叶质量的重要指标之一，在烤烟所需的营养元素中，钾是需求量最多的元素。钾元素不仅参与烟株的生长发育、养分吸收等生理代谢过程，而且对烟叶品质的形成也具有十分重要的作用。增加烟叶中的钾含量能提高烟叶的燃烧性和吸湿性。含钾多的烟叶叶片柔软且外观质量好，但钾供应过多则会引起淀粉大量积累，叶片变厚、变脆，调制后烟叶色泽不佳。提高烟叶中钾的含量，还能减少焦油的生成，增强烟叶的安全性。影响烟叶含钾量的因素有气候、土壤、品种和栽培（施肥和栽培管理）等，其中栽培措施，尤其是施肥措施是人为调控烟叶含钾量的关键。改进肥料配方、增加施钾量、调整成垄方式、施用生长调节剂和钾肥分次施用，都能提高烟叶的钾含量和产质量，但过量施肥会导致资源的极大浪费，并引起农田环境的污染。因此，针对玉溪烟区 K326 烤烟品种开展钾肥施用技术研究，制定 K326 钾肥的合理施用技术规范，对玉溪烟区 K326 烤烟进行生产实际指导很有意义。

试验分别在华宁县青龙镇大村、华宁县宁州镇新城村、峨山县小街镇由义村、峨山县双江镇高平村、易门县龙泉镇梅营村和易门县龙泉镇中屯村 6 个点各布置 1 组钾肥不同基追比田间试验（田烟和地烟各 3 组）。

供试烤烟品种为 K326，由玉溪市烟草公司提供。试验用肥为烟草专用复合肥（养分比例为：$N : P_2O_5 : K_2O = 12 : 6 : 24$）、硝铵（N 30%）、钙镁磷肥（$P_2O_5$ 16%）、硫酸钾（K_2O 50%）。

试验设 5 个处理，即 T1（70%基施+30%追施）、T2（60%基施+40%追施）、T3（50%基施+50%追施）、T4（40%基施+60%追施）、T5（30%基施+70%追施）。小区烟叶进行挂牌烘烤并单独计产，其他田间管理按常规栽培技术要求进行。

二、技术分析

1. 不同处理对烤烟 K326 农艺性状的影响

（1）钾肥不同基追比例对田烟 K326 农艺性状的影响

由表 15 可知，在 3 组田烟试验中，株高、有效叶片数、叶面积等田间农艺性状均以 T4（40%钾肥基施+60%钾肥追施）表现最好，且与 T1、T2 相比差异显著。说明在田烟中提高追肥中的钾肥比例对 K326 田间长势具有显著影响。

表 15　钾肥不同基追比例对田烟不同试验点 K326 农艺性状的影响

试验点	处理	株高/cm	有效叶/片	茎围/cm	最大叶（长×宽）/cm	叶面积指数	节距/cm	上部叶叶面积系数
由义	T1	95.90b	21.4b	7.88c	69.8×28.5	3.09c	4.72c	1.13c
	T2	99.36ab	23.4a	8.01b	69.6×31.5	3.32c	4.90b	1.16c
	T3	102.36a	22.2b	8.48a	70.5×30.3	3.54b	4.96b	1.25b
	T4	104.08a	20.0c	8.67c	71.3×35.4	3.71a	5.20a	1.35a
	T5	92.72c	20.4c	7.50c	67.8×29.2	3.67a	4.80c	1.15c
梅营	T1	114.2c	23.4a	8.60c	73.2×30.2	3.66c	4.52c	1.03c
	T2	115.8b	23.2a	8.89b	74.3×31.3	3.69c	4.76c	1.14c
	T3	117.3b	23.2a	9.04b	75.3×35.2	4.22a	5.27a	1.26b
	T4	120.4a	22.4b	9.17a	75.6×35.4	4.31a	5.38a	1.35a
	T5	116.7b	23.2a	8.98b	73.2×31.6	4.04b	4.98b	1.17c

（续表）

试验点	处理	株高/cm	有效叶/片	茎围/cm	最大叶（长×宽）/cm	叶面积指数	节距/cm	上部叶叶面积系数
新城	T1	78.57c	22.8b	7.35c	71.1×27.9	3.07c	3.44b	0.91b
	T2	80.61b	23.4a	7.35c	71.2×28.4	3.16b	3.46b	0.96b
	T3	83.64ab	23.8a	7.72b	72.2×29.5	3.18b	3.61a	1.09b
	T4	85.48a	23.8a	7.91a	73.3×30.3	3.30a	3.74a	1.23a
	T5	84.35a	20.6c	7.16b	71.6×29.4	3.23a	3.60a	1.06b

注：不同字母表示 P 在 0.05 水平下达到显著水平。

（2）钾肥不同基追比例对地烟 K326 农艺性状的影响

由表 16 分析可知，钾肥比例调整后，对地烟 K326 田间农艺性状并无明显影响且差异不显著，综合分析均以 T2（60%钾肥基施+40%钾肥追施）表现最好，T2 即为常规处理。

表 16　钾肥不同基追比例对地烟不同试验点 K326 农艺性状的影响

试验点	处理	株高	有效叶/片	茎粗/cm	最大叶（长×宽）/cm	叶面积指数	节距/cm	上部叶叶面积系数
高平	T1	108.3b	22.4b	2.44b	69.0×28.7	2.81b	4.26b	0.86b
	T2	110.2b	22.2b	2.54a	71.6×29.0	3.02b	4.44b	1.00a
	T3	117.5a	22.3b	2.58a	71.5×28.4	3.11a	4.48b	0.96a
	T4	109.1b	22.4b	2.42b	70.2×27.7	2.87b	4.36b	0.90ab
	T5	108.5b	23.1a	2.34b	71.2×28.9	2.93b	4.66b	0.90ab
中屯	T1	113.1b	23.1a	2.58b	72.7×31.2	4.21a	4.66b	1.04a
	T2	118.2a	23.2a	2.81a	77.4×32.7	4.46a	5.04a	1.19a
	T3	114.6b	23.4a	2.61b	74.1×31.8	4.36a	4.71ab	1.05a
	T4	112.4b	23.4a	2.56b	73.1×30.1	4.18a	4.68b	0.95b
	T5	111.6b	23.5a	2.44b	71.2×28.8	4.07b	4.45c	0.93b
大村	T1	83.5a	22.8a	2.48b	68.3×24.6	2.78a	3.62b	1.00ab
	T2	84.4a	23.4a	2.64a	69.6×24.9	2.83a	3.84a	1.13a
	T3	82.2ab	23.0a	2.44a	63.2×24.8	2.66ab	3.73a	0.92b
	T4	81.9b	23.8a	2.38b	60.4×23.3	2.45b	3.62b	0.88b
	T5	80.2c	22.8a	2.30b	61.2×24.6	2.45b	3.38c	0.86b

注：不同字母表示 P 在 0.05 水平下达到显著水平。

2.不同处理对烤烟 K326 烟叶质量的影响

（1）钾肥不同基追比例对田烟 K326 烟叶质量的影响

①钾肥不同基追比例对田烟 K326 烟叶外观的影响。

从表 17 的评价结果可以看出，3 个不同试验点的烟叶外观质量评价结果均表现出相同的规律，即烟叶综合质量评分随着钾肥追肥比例的增加而提高，追肥比例在 60% 时，烟叶的综合评分最高且与 T1、T2、T3（由义点除外）相比达到显著水平。

表 17 钾肥不同基追比例对田烟 K326 烟叶外观质量的影响

试验点	等级	处理	成熟度	颜色	叶片结构	油分	身份	色度	综合得分
由义	B2F	T1	25.2	12.0	15.5	11.3	8.0	8.2	80.2b
		T2	25.3	12.1	15.5	11.5	8.0	8.4	80.8b
		T3	25.5	11.8	15.8	11.6	8.3	8.8	81.8ab
		T4	26.0	12.0	16.0	11.6	8.4	8.7	82.7a
		T5	26.0	12.0	15.8	11.5	8.3	8.5	82.1ab
	C3F	T1	26.0	12.8	15.2	11.4	8.0	8.2	81.6c
		T2	26.0	13.0	15.5	11.5	8.1	8.2	82.3b
		T3	26.0	13.2	15.9	11.6	8.2	8.5	83.4ab
		T4	26.3	13.3	16.0	12.0	8.2	8.6	84.4a
		T5	26.1	13.0	15.8	11.7	8.0	8.4	83.0ab
梅营	B2F	T1	25.1	12.0	15.5	11.3	8.0	8.2	80.1c
		T2	25.3	12.1	15.5	11.5	8.0	8.4	80.8c
		T3	25.6	11.8	15.8	11.6	8.3	8.8	81.9b
		T4	26.1	12.2	16.0	11.8	8.4	8.7	83.2a
		T5	25.5	12.0	15.8	11.3	8.3	8.5	81.4b
	C2F	T1	25.9	12.8	15.2	11.4	8.0	8.2	81.5c
		T2	25.8	13.0	15.5	11.5	8.2	8.2	82.1c
		T3	25.9	13.2	15.9	11.6	8.2	8.5	83.3b
		T4	26.3	13.3	16.1	12.1	8.2	8.6	84.6a
		T5	26.1	13.0	15.6	11.7	80.0	8.4	82.8c

（续表）

试验点	等级	处理	成熟度	颜色	叶片结构	油分	身份	色度	综合得分
新城	B2F	T1	25.0	12.0	15.5	11.0	8.0	8.2	79.7c
		T2	25.0	12.0	15.5	11.0	8.0	8.5	80.0c
		T3	25.5	12.0	15.5	11.6	8.0	8.5	81.1b
		T4	25.5	12.5	16.0	11.6	8.4	8.7	82.7a
		T5	25.5	12.5	15.8	11.5	8.3	8.5	82.1a
	C2F	T1	25.5	12.8	15.2	11.4	8.0	8.2	81.1c
		T2	25.5	13.0	15.5	11.5	8.0	8.2	81.7c
		T3	26.0	13.0	15.5	11.6	8.0	8.5	82.6b
		T4	26.0	13.0	16.0	12.0	8.0	8.5	83.5a
		T5	26.0	13.0	15.5	11.6	8.0	8.4	82.5b

注：不同字母表示 P 在 0.05 水平下达到显著水平。

②钾肥不同基追比例对田烟 K326 烟叶内在化学成分的影响。

表 18 的烟叶内在化学成分检测分析结果表明，随着钾肥追肥比例的增加，烟叶中钾含量也随着增加。由于钾元素和大量元素、微量元素的协同作用，烟叶的内在成分也较为协调。从 5 个不同的处理来看，不同试验点的内在化学成分含量都较为适中。

表 18　钾肥不同基追比例对田烟 K326 烟叶内在化学成分的影响

试验点	等级	处理	总糖/%	还原糖/%	总氮/%	烟碱/%	氧化钾/%	氯/%	糖碱比	钾氯比	氮碱比	两糖差
由义	B2F	T1	28.36	21.11	2.35	2.61	2.67	0.36	10.87	7.42	0.90	7.25
		T2	32.70	23.34	1.79	2.42	2.18	0.28	13.51	7.79	0.74	9.36
		T3	27.07	23.64	2.27	2.47	2.11	0.44	10.96	4.80	0.92	3.43
		T4	24.45	18.94	2.42	3.06	2.56	0.56	7.99	4.57	0.79	5.51
		T5	27.25	21.48	2.55	3.29	2.45	0.33	8.28	7.42	0.78	5.77
	C2F	T1	27.55	23.56	2.22	3.00	2.13	0.64	9.18	3.33	0.74	3.99
		T2	29.57	21.69	1.98	2.82	2.07	0.39	10.49	5.31	0.70	7.88
		T3	33.26	23.93	2.05	2.72	2.12	0.21	12.23	10.10	0.75	9.33
		T4	29.26	20.91	1.79	2.31	2.38	0.27	12.67	8.81	0.77	8.35
		T5	27.98	18.60	1.92	2.72	2.45	0.31	10.29	7.90	0.71	9.38

（续表）

试验点	等级	处理	总糖/%	还原糖/%	总氮/%	烟碱/%	氧化钾/%	氯/%	糖碱比	钾氯比	氮碱比	两糖差
梅营	B2F	T1	26.75	20.55	2.48	2.78	1.96	0.37	9.62	5.30	0.89	6.20
		T2	27.84	21.62	2.51	2.82	2.00	0.41	9.87	4.88	0.89	6.22
		T3	28.71	22.27	2.68	2.94	2.03	0.46	9.77	4.41	0.91	6.44
		T4	29.32	23.51	3.14	3.43	2.16	0.69	8.55	3.13	0.92	5.81
		T5	27.11	22.49	3.45	3.87	2.07	0.52	7.01	3.98	0.89	4.62
	C2F	T1	25.67	19.18	1.77	2.10	1.90	0.46	12.22	4.13	0.84	6.49
		T2	26.77	21.88	2.21	2.52	1.93	0.36	10.62	5.36	0.88	4.89
		T3	27.36	22.22	2.24	2.70	1.99	0.52	10.13	3.83	0.83	5.14
		T4	28.39	23.77	2.52	2.74	2.08	0.45	10.36	4.62	0.92	4.62
		T5	27.85	23.26	2.77	3.11	2.01	0.52	8.95	3.87	0.89	4.59
新城	B2F	T1	26.34	18.31	2.68	4.09	1.93	0.55	6.44	3.51	0.66	8.03
		T2	27.58	20.77	2.5	3.4	1.78	0.28	8.11	6.36	0.74	6.81
		T3	25.52	20.81	2.68	4.44	1.78	0.27	5.75	6.59	0.60	4.71
		T4	27.99	18.96	2.56	3.39	2.39	0.45	8.26	5.31	0.76	9.03
		T5	24.45	18.94	2.42	3.06	2.56	0.56	7.99	4.57	0.79	5.51
	C2F	T1	31.54	22.10	1.93	2.99	1.91	0.23	10.55	8.30	0.65	9.44
		T2	31.69	24.91	1.77	2.41	1.85	0.43	13.15	4.30	0.73	6.78
		T3	33.90	24.40	1.68	3.16	2.64	0.38	10.73	7.02	0.53	9.50
		T4	33.84	24.92	1.84	3.30	2.33	0.28	10.25	8.41	0.56	8.92
		T5	33.53	24.23	2.23	2.89	2.19	0.28	11.60	7.77	0.77	9.30

③钾肥不同基追比例对田烟 K326 烟叶感官评吸的影响。

根据烟叶外观和内在化学成分检查评价结果，结合烟叶评吸工作实际，选取了具有代表性样品进行了感官评吸质量评价，结果如表 19 所示。

表 19　钾肥不同基追比例对田烟 K326 烟叶感官评吸质量的影响

处理	等级	香型	香韵	香气量	香气质	浓度	刺激性	劲头	杂气	口感	综合得分
T1	B2F	清香型	7.5	12.0	12.0	7.5	12.5	4.5	7.0	15.0	78.0c
T2		清香型	8.0	12.0	12.0	8.0	13.0	4.5	7.5	15.5	80.5b
T3		清香型	8.0	12.0	12.5	8.0	13.0	4.5	7.5	15.5	81.0b
T4		清香型	8.0	12.5	12.5	8.0	13.0	5.0	7.5	15.5	82.0a
T5		清香型	8.0	12.0	12.5	8.0	13.0	5.0	7.0	15.0	80.5b

（续表）

处理	等级	香型	香韵	香气量	香气质	浓度	刺激性	劲头	杂气	口感	综合得分
T1		清香型	8.0	12.5	12.5	8.0	12.0	4.5	7.0	15.0	79.5c
T2		清香型	8.0	12.5	13.0	8.0	12.5	5.0	7.5	15.5	82.0b
T3	C3F	清香型	8.5	12.5	13.0	8.0	13.0	5.0	7.5	15.5	83.0a
T4		清香型	8.5	13.0	13.0	8.0	13.0	5.0	7.5	15.5	83.5a
T5		清香型	8.0	13.0	12.5	8.0	12.0	4.5	7.0	15.5	80.5c

注：不同字母表示 P 在 0.05 水平下达到显著水平。

从表 19 的评吸结果来看，从 T1 到 T4，随着钾肥追肥比例的增加，烟叶的香韵、香气量、香气质、刺激性、杂气、口感得分均随之增加，T4 表现最佳，综合得分最高，即 T1<T2<T3<T4，且 T4 与 T1、T2 相比达显著水平；当追肥比例增加到 70% 时（T5），评吸总分低于 T2、T3、T4，但高于 T1。

（2）钾肥不同基追比例对地烟 K326 烟叶质量的影响

①钾肥不同基追比例对地烟 K326 烟叶外观的影响。

从表 20 的评价结果可以看出，在山地烟区钾肥基追比在 60%：40% 时表现最好，综合评分最高。除高平点的 B2F 外，其余各试验点的 C3F、B2F 均与其他处理有显著性差异。

表 20   钾肥不同基追比例对地烟 K326 烟叶外观的影响

试验点	等级	处理	成熟度	颜色	叶片结构	油分	身份	色度	综合得分
高平	B2F	T1	25.0	12.0	15.5	11.5	7.5	8.2	79.7ab
		T2	25.5	12.1	16.0	11.5	8.0	8.7	81.8a
		T3	25.5	11.8	15.5	11.2	7.5	8.5	80.0ab
		T4	25.0	12.0	15.5	11.2	7.5	8.2	79.4ab
		T5	25.0	12.0	15.0	11.2	7.5	8.2	78.9b
	C3F	T1	25.5	12.8	15.5	11.4	8.0	8.0	81.2b
		T2	26.0	13.0	16.0	11.5	8.4	8.5	83.4a
		T3	25.5	12.5	15.5	11.6	8.2	8.0	81.3b
		T4	25.5	12.5	15.5	12.0	8.0	8.0	81.5b
		T5	25.0	12.0	15.0	11.7	8.0	8.0	79.7b

（续表）

试验点	等级	处理	成熟度	颜色	叶片结构	油分	身份	色度	综合得分
中屯	B2F	T1	25.0	12.0	15.0	11.3	7.5	8.2	79.0b
		T2	25.5	12.2	15.8	11.5	8.0	8.5	81.5a
		T3	25.5	11.8	15.3	11.2	7.5	8.5	79.8b
		T4	25.0	11.5	15.0	11.2	7.5	8.2	78.4b
		T5	25.0	11.0	15.0	11.2	7.5	8.0	77.7b
	C2F	T1	25.5	12.0	15.5	11.5	8.0	8.0	80.5b
		T2	26.0	12.5	16.0	12.0	8.5	8.5	83.5a
		T3	25.5	12.5	15.5	11.5	8.0	8.0	81.0b
		T4	25.5	12.0	15.5	11.5	8.0	8.0	80.5b
		T5	25.0	12.0	15.0	11.0	7.5	8.0	78.5c
大村	B2F	T1	25.0	12.0	15.0	11.5	7.5	8.2	79.2b
		T2	25.5	12.5	15.5	11.5	8.0	8.7	81.7a
		T3	25.5	12.0	15.8	11.2	7.5	8.5	80.5b
		T4	25.0	11.5	16.0	11.2	7.5	8.2	79.4b
		T5	25.0	11.0	15.8	11.2	7.5	8.2	78.7b
	C2F	T1	25.5	12.8	15.5	11.4	8.0	8.0	81.2b
		T2	26.0	13.0	16.0	11.5	8.4	8.5	83.4a
		T3	25.5	12.5	15.5	11.6	8.2	8.0	81.3b
		T4	25.5	12.5	15.5	12.0	8.0	8.0	81.5b
		T5	25.0	12.0	15.0	11.7	8.0	8.0	79.7b

注：不同字母表示 P 在 0.05 水平下达到显著水平。

②钾肥不同基追比例对地烟 K326 烟叶内在化学成分的影响。

表 21 的烟叶内在化学成分检测分析结果表明，3 个不同山地试验点烟叶内在化学成分均较为协调且均在优质烟叶要求范围内。

表 21　钾肥不同基追比例对地烟 K326 烟叶内在化学成分的影响

试验点	等级	处理	总糖/%	还原糖/%	总氮/%	烟碱/%	氧化钾/%	氯/%	糖碱比	钾氯比	氮碱比	两糖差
高平	B2F	T1	7.70	6.35	0.87	3.43	7.70	6.35	0.87	3.43	7.70	6.35
		T2	7.15	8.07	0.79	4.30	7.15	8.07	0.79	4.30	7.15	8.07
		T3	6.54	4.59	0.78	4.72	6.54	4.59	0.78	4.72	6.54	4.59
		T4	7.90	4.77	0.73	3.47	7.90	4.77	0.73	3.47	7.90	4.77
		T5	6.92	7.34	0.73	3.71	6.92	7.34	0.73	3.71	6.92	7.34
	C2F	T1	10.68	4.55	0.93	2.34	10.68	4.55	0.93	2.34	10.68	4.55
		T2	10.37	4.36	0.80	2.97	10.37	4.36	0.80	2.97	10.37	4.36
		T3	12.32	4.49	0.94	5.85	12.32	4.49	0.94	5.85	12.32	4.49
		T4	9.36	5.76	0.80	3.78	9.36	5.76	0.80	3.78	9.36	5.76
		T5	9.84	9.88	0.75	3.49	9.84	9.88	0.75	3.49	9.84	9.88
中屯	B2F	T1	6.90	9.27	0.78	3.85	6.90	9.27	0.78	3.85	6.90	9.27
		T2	6.40	3.62	0.75	2.47	6.40	3.62	0.75	2.47	6.40	3.62
		T3	9.84	5.24	0.75	5.28	9.84	5.24	0.75	5.28	9.84	5.24
		T4	9.85	4.56	0.75	2.88	9.85	4.56	0.75	2.88	9.85	4.56
		T5	8.40	8.15	0.72	4.61	8.40	8.15	0.72	4.61	8.40	8.15
	C2F	T1	10.25	7.50	0.99	1.89	10.25	7.50	0.99	1.89	10.25	7.50
		T2	11.84	5.76	0.80	6.74	11.84	5.76	0.80	6.74	11.84	5.76
		T3	8.87	8.28	0.89	4.32	8.87	8.28	0.89	4.32	8.87	8.28
		T4	10.67	7.79	0.79	3.59	10.67	7.79	0.79	3.59	10.67	7.79
		T5	8.20	5.89	0.86	3.68	8.20	5.89	0.86	3.68	8.20	5.89
大村	B2F	T1	6.53	8.60	0.73	3.82	6.53	8.60	0.73	3.82	6.53	8.60
		T2	8.88	4.43	0.85	5.90	8.88	4.43	0.85	5.90	8.88	4.43
		T3	8.06	4.59	0.81	9.34	8.06	4.59	0.81	9.34	8.06	4.59
		T4	6.36	5.82	0.77	2.93	6.36	5.82	0.77	2.93	6.36	5.82
		T5	6.77	3.74	0.77	4.22	6.77	3.74	0.77	4.22	6.77	3.74
	C2F	T1	12.89	3.06	0.73	9.29	12.89	3.06	0.73	9.29	12.89	3.06
		T2	10.99	5.97	0.72	4.36	10.99	5.97	0.72	4.36	10.99	5.97
		T3	9.04	6.90	0.78	1.50	9.04	6.90	0.78	1.50	9.04	6.90
		T4	10.23	6.60	0.87	7.30	10.23	6.60	0.87	7.30	10.23	6.60
		T5	11.52	6.84	0.83	9.28	11.52	6.84	0.83	9.28	11.52	6.84

③钾肥不同基追比例对地烟 K326 烟叶感官评吸的影响。

根据烟叶外观和内在化学成分检查评价结果，结合烟叶评吸工作实际，选取了具有代表性样品进行了感官评吸质量评价，评价结果如表 22 所示。

表 22　钾肥不同基追比例对地烟 K326 烟叶感官评吸质量的影响

处理	等级	香型	香韵	香气量	香气质	浓度	刺激性	劲头	杂气	口感	综合得分
T1		清香型	7.5	12.5	12.5	8.0	13.0	4.5	7.0	15.0	80.0b
T2		清香型	8.0	12.0	13.0	8.0	13.0	5.0	7.5	15.5	82.0a
T3	B2F	清香型	8.0	12.0	13.0	8.0	13.0	4.5	7.5	15.5	81.5a
T4		清香型	8.0	11.5	12.5	8.0	12.5	4.5	7.0	15.0	79.0b
T5		清香型	7.5	11.5	12.5	8.0	12.5	4.5	7.0	15.0	78.5b
T1		清香型	8.0	12.5	12.5	8.0	12.5	5.0	7.5	15.5	81.5b
T2		清香型	8.5	12.5	13.0	8.0	13.0	5.0	7.5	16.0	83.5a
T3	C3F	清香型	8.0	12.5	12.5	7.5	12.5	5.0	7.5	15.5	81.0b
T4		清香型	7.5	12.5	12.5	7.5	12.5	5.0	7.0	15.0	79.5bc
T5		清香型	7.5	11.5	12.5	8.0	12.5	4.5	7.0	15.0	78.5c

注：不同字母表示 P 在 0.05 水平下达到显著水平。

从表 22 的感官评吸结果分析可得，在钾肥基肥与追肥比例为 60%：40% 时，烟叶的香气量、香气质、刺激性和口感等指标好于其他处理，烟叶的综合得分最高。方差分析表明：B2F，T2、T3 与其他 3 个处理差异显著；C3F，T2 与其他 4 个处理差异显著。

3. 不同处理对烤烟 K326 经济性状的影响

（1）钾肥不同基追比例对田烟 K326 经济性状的影响

各试验点产量、上等烟比例、均价、产值等经济性状均以 T4（40%钾肥基施+60%钾肥追施）表现最好（表 23、图 14 至图 17）。方差分析结果显示，在 3 个试验点中，T4 与 T1、T2 相比均存在显著差异。说明在田烟中提高追肥中的钾肥比例对提高 K326 产质量具有显著影响。

表 23　钾肥不同基追比例对田烟不同试验点 K326 主要经济性状影响比较

试验点	处理	产量/（kg/亩）	上中等烟比例/%	均价/（元/kg）	产值/（元/亩）
	T1	207.2b	83.2b	25.16b	5 213.15b
	T2	212.1b	84.1b	24.55b	5 207.06b
由义	T3	218.3a	85.4a	25.66a	5 601.58a
	T4	222.5a	85.2a	26.01a	5 787.23a
	T5	220.8a	85.1a	25.75a	5 685.60a

（续表）

试验点	处理	产量/ （kg/亩）	上中等烟 比例/%	均价/ （元/kg）	产值/ （元/亩）
梅营	T1	183.2c	83.2b	23.46b	4 297.87c
	T2	184.5c	84.8b	23.54b	4 343.13c
	T3	197.4b	85.2a	24.48ab	4 832.35b
	T4	203.8a	85.3a	25.65a	5 227.47a
	T5	192.6b	85.1a	24.18ab	4 657.07bc
新城	T1	165.4b	82.5b	21.87b	3 617.30c
	T2	169.3b	82.8b	21.93b	3 712.75c
	T3	180.2a	82.3b	22.65b	4 081.53b
	T4	181.4a	85.6a	23.92a	4 339.09a
	T5	180.2a	83.4b	22.71b	4 092.34b

注：产值和均价参考 2013 年烟叶收购价格。不同字母表示 P 在 0.05 水平下达到显著水平。

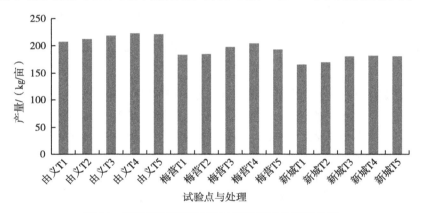

图 14　钾肥不同基追比例对田烟产量的影响比较

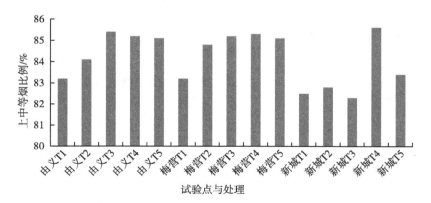

图 15　钾肥不同基追比例对田烟上中等烟叶比例的影响比较

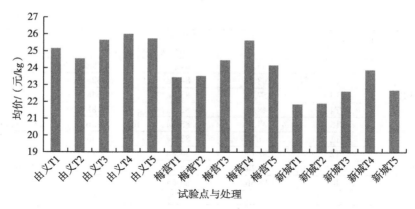

图 16 钾肥不同基追比例对田烟均价的影响比较

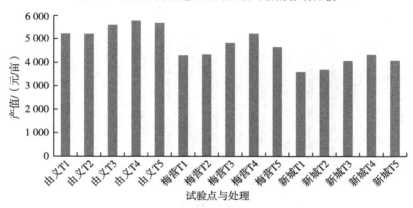

图 17 钾肥不同基追比例对田烟产值的影响比较

（2）钾肥不同基追比例对地烟 K326 经济性状的影响

由表 24、图 18 至图 21 分析可知，钾肥比例调整后，地烟 K326 产量、上等烟比例、均价、产值等经济性状并无明显差异，综合分析均以 T2（60%钾肥基施+40%钾肥追施）表现最好，T2 即为常规处理。

表 24 钾肥不同基追比例对地烟不同试验点 K326 主要经济性状影响比较

试验点	处理	产量/ （kg/亩）	上中等烟 比例/%	均价/ （元/kg）	产值/ （元/亩）
高平	T1	133.6b	83.1a	23.62a	3 155.63b
	T2	158.2a	84.2a	25.99a	4 111.62a
	T3	147.3a	83.6a	24.95a	3 675.14b
	T4	154.3a	83.8a	24.95a	3 849.79a
	T5	143.4b	83.3a	23.67b	3 394.28b

（续表）

试验点	处理	产量/ （kg/亩）	上中等烟 比例/%	均价/ （元/kg）	产值/ （元/亩）
中屯	T1	155.8a	84.1a	24.29ab	3 784.38ab
	T2	168.2a	84.8a	25.82a	4 342.92a
	T3	157.4a	83.7a	24.54a	3 862.60ab
	T4	148.1b	83.1a	23.78b	3 521.82b
	T5	143.0b	83.3a	23.42b	3 349.06b
大村	T1	140.7ab	83.5a	23.88b	3 359.92b
	T2	150.1a	84.8a	25.67a	3 853.07a
	T3	141.2ab	84.1a	24.65a	3 480.58b
	T4	132.6b	83.6a	24.06b	3 190.36b
	T5	131.9b	83.3a	23.75b	3 132.63b

注：产值和均价参考 2013 年烟叶收购价格。不同字母表示 P 在 0.05 水平下达到显著水平。

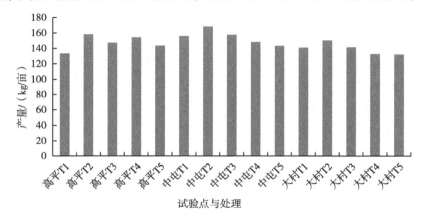

图 18　钾肥不同基追比例对地烟产量的影响比较

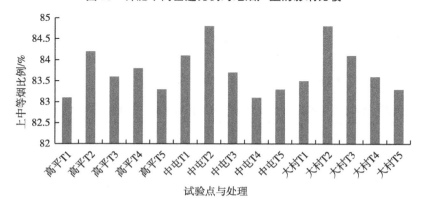

图 19　钾肥不同基追比例对地烟上中等烟叶比例的影响比较

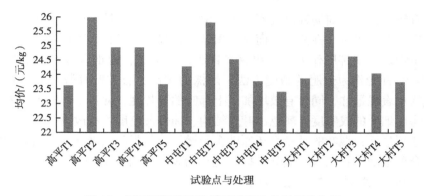

图20 钾肥不同基追比例对地烟均价的影响比较

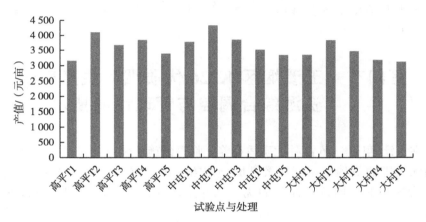

图21 钾肥不同基追比例对地烟产值的影响比较

三、技术效果

在田烟试验中，K326 的田间长势以 T4（40%钾肥基施＋60%钾肥追施）处理表现最好，产值等经济性状表现最高。在水利条件较好，灌溉方式采用漫灌的田烟应当降低底肥中钾肥量，采用 40%作为底肥一次施入，2 次提苗分别施入 20%，1 次大压施 20%，可有效增加上部叶的开片度，促进上部叶的成熟和落黄，提高烟叶烘烤质量，增加烟农收益。

在地烟试验中表现最好的处理为 T2（60%钾肥基施＋40%钾肥追施），其中 60%作为底肥一次施入，2 次提苗分别施入 10%，1 次大压施 20%。相对于田烟而言，调整钾肥施用比例后，各处理之间并无显著差异，这与地烟水源条件差有较大关系，前期钾流失不严重。但对于山地普遍坡度较大、土壤结构疏松，碰上多雨年份，钾流失反而高于田烟，建议对钾后移还可以做适当调整。

田烟以 40% 钾肥作为基施和 60% 钾肥作为追肥，地烟以 60% 钾肥作为基施和 40% 钾肥作为追肥的施肥方法，烟株的株高、有效叶片数、叶面积等农艺性状均表现最佳，同时有效增加了上部叶的开片度，促进上部叶的成熟和落黄。烤后烟叶的成熟度、颜色、叶片结构、油分及色度均有改善，烟叶的外观质量达到最优；烟叶的总糖和还原糖含量增加，总氮和烟碱含量有所增加但均处于合理范围，各项化学成分指标更趋于协调；烟叶的香气质和香气量增加，刺激性和杂气减小，烟叶吃味改善。

综合考虑钾肥不同基追比对烟叶品质及产量的影响，建议在田烟生产中钾肥的基肥和追肥配比为 40%：60%，地烟生产中钾肥的基肥和追肥配比为 60%：40%。

第四节 玉溪烟区 K326 优质烟叶生产养分资源综合调控与管理运筹技术

在玉溪烟区 K326 品种优质适产养分临界值施肥体系的基础上，结合有机肥与无机肥的最佳施用配比及钾肥施用方法的调整，构建了"精、调、改、替"为核心的"四位一体"的优质烟叶生产养分资源综合调控与管理运筹模式。

"精"：即精准施肥，根据适产养分临界质和植烟土壤中有效养分供给含量。玉溪烟区海拔在 1 400~1 800m，水稻土为植烟土壤的田烟 K326 获得 180kg/亩以上优质烟叶的适产养分临界值为：N（10.797±1.223）kg/亩，P_2O_5（5.174±0.808）kg/亩，K_2O（23.33±3.045）kg/亩；海拔在 1 400~1 800m，以红壤为植烟土壤的地烟 K326 获得 150kg/亩以上优质烟叶的适产养分临界值：N（9.263±2.047）kg/亩，P_2O_5（4.353±1.156）kg/亩，K_2O（20.432±3.327）kg/亩。根据"适产养分临界值=最佳经济施肥量+（耕作层土壤养分含量×土壤养分校正系数）"的公式计算出不同生态区域的最佳经济施肥量。

"调"：即调整化肥使用结构。在玉溪烟区 K326 烤烟优质适产养分临界值施肥体系的基础上，根据烟叶生产中推荐施用的氮、磷、钾配比，计算出氮、磷、钾肥的最佳施用量，配合微肥的施用，促进大量元素与中微量元素协同吸收，提升营养元素的综合利用率。

　　"改"：即改进施肥方式方法。通过大力推广测土配方，精准施肥，加强宣传培训与监督指导，提高烟农科学施肥意识和技能，改表施、撒施为机械深施、水肥一体化等方式，提高肥料利用率。

　　"替"：即有机肥替代化肥。在生产中施用 30% 的有机肥和 70% 的无机肥，以提高烟叶品质、提升产质量，在增加烟农收入的同时提升烟叶原料的工业可用性。

　　所构建的玉溪烟区 K326 优质烟叶烟株田间养分资源综合管理与运筹模式的应用，能促进养分的协同吸收，提高肥料养分利用率，促进烟株群体的整齐度，改善烟株农艺性状，提升烟叶外观、内在化学成分及感官评吸等综合质量，提高上中等烟比例、均价和亩产值，该养分管理与运筹模式在玉溪烟区得到了推广应用。

第三章　玉溪烟区 K326 烟叶
烘烤工艺优化技术

第一节　玉溪烟区 K326 烟叶烘烤现状

在玉溪烟区，通过对 K326 烟叶烘烤过程跟踪调查发现，由于烟农烘烤技术底子较好、素质高，烘烤设施齐全，总体上烘烤问题不多，主要集中在 K326 上部叶的烘烤中。上部烟叶由于着生部位有利，光照条件好，在适时封顶和彻底打杈的前提条件下，烟叶质量好，是出上等烟较多的部位，尤其是 K326 的上部烟叶优势更强，所以提高 K326 上部烟叶烘烤质量很有价值。

通过调查发现，目前在烤烟 K326 品种烟叶烘烤中，对烘烤质量影响最大的就是上部烟叶在烘烤过程中所产生的挂灰烟和烤青烟，这两类烟既影响烟叶外观质量，也影响烟叶内在品质，无论对工业和农业都会带来一定的损失。

挂灰烟和烤青烟，都是由于在烘烤过程中对烟叶水分变化控制不当而产生，即在烘烤变黄过程中由于烟叶大量失水，不能充分变黄而烤青，而变黄结束后烟叶含水率过多，又是烟叶产生挂灰的主要原因。由于 K326 上部烟叶叶片厚、表皮细胞栅栏组织紧密，其烘烤变黄慢，不易快速脱水，这使要在烘烤中同时解决烤青烟和挂灰烟问题更加不易。

研究表明，烟叶挂灰一般出现于烘烤温度高于 44℃ 以后的烘烤阶段，此时，如果烟叶含水率还在 50% 以上极易出现挂灰现象。一般将烘烤温度低于 44℃ 的时期定义为烘烤变黄期，所以如何在变黄期既使烤烟 K326 上部烟叶即充分变黄又使其含水率控制在 50% 以下是减少烤青烟和挂灰烟的关键所在。因此，本研究主要围绕烘烤过程中的烟叶变黄期，以烟叶变黄过程中烟叶水分含量为出发点，采用多种不同变黄期温湿度调控方法进行研究，以找到最适宜 K326 上部烟叶烘烤变黄的方法，旨在降低 K326 上部烟叶挂灰烟和烤青烟，达到提高烟叶质量和利用价值的目的。

第二节　玉溪烟区 K326 上部烟叶烘烤工艺优化技术

一、技术设计

K326 烤烟上部叶是烟叶产质量的主要组成部分，但其叶片通常较厚、组织结构紧密，烟叶保水力较强，烘烤过程失水特性不宜把握，定色难度大，烤后烟杂色较多。影响烟叶烘烤特性的因素主要有品种（遗传）因素、气候因素、土壤类型、栽培管理措施、烟叶部位和成熟度等，其中品种是内在因素，因此针对特定的区域，特定的品种制定相匹配的烘烤技术很有必要。

试验于 2013 年在玉溪市易门县龙泉街道梅营村进行，试验所用烟叶和烤房均为当地提供。试验品种烤烟 K326，试验烤房为相同规格卧式密集型烤房，试验所用烟叶统一采用长势均匀，成熟度一致的 K326 上部烟叶，烟叶编竿后采用挂竿式烘烤，试验中各烤房装烟竿数均为 324，装烟密度一致。

试验主要围绕烤烟 K326 上部烟叶烘烤变黄期设计，烟叶变黄结束后各处理所采用的烘烤方式不变。试验共设 5 个处理，每个处理 3 次重复。试验处理为：T1，低温低湿变黄；T2，低温高湿变黄；T3，高温低湿变黄；T4，高温高湿变黄；T5，低温高湿+高温低湿变黄。各处理设计参数见表 25。

表 25　烟叶烘烤变黄期不同温度、湿度参数设计

处理	干球温度/℃	湿球温度/℃	干湿球温度变化要求
T1	32~40	30~37	干球 32~34℃，湿球 30~31℃，烘烤至叶尖变黄 10cm 左右；干球 36~38℃，湿球 33~35℃，烘烤至叶片基本变黄；升温至干球 40℃，湿球 36℃，烘烤至叶片全黄转入升温定色
T2	32~40	32~38	干球 32~34℃，湿球 32~34℃，烘烤至叶尖变黄 10cm 左右；干球 36~38℃，湿球 35~37℃，烘烤至叶片基本变黄；升温至干球 40℃，湿球 38℃，烘烤至叶片全黄转入升温定色
T3	36~44	33~37	干球 36~38℃，湿球 33~35℃，烘烤至叶尖变黄 10cm 左右；干球 38~40℃，湿球 35~36℃，烘烤至叶片基本变黄；干球 42~44℃，湿球 37~38℃，烘烤至叶片全黄转入升温定色

（续表）

处理	干球温度/℃	湿球温度/℃	干湿球温度变化要求
T4	36~44	36~38	干球 36~38℃，湿球 36~38℃，烘烤至叶尖变黄 10cm 左右；干球 38~40℃，湿球 38~37℃，烘烤至叶片基本变黄；干球 42~44℃，湿球 38~39℃，烘烤至叶片全黄转入升温定色
T5	32~38 38~44	32~36 36~37	干球 32~34℃，湿球 32~34℃，烘烤至叶尖变黄 10cm 左右；干球 36~38℃，湿球 35~37℃，烘烤至叶片七成黄；干球 38~40℃，湿球 35~36℃，烘烤至叶片基本变黄；干球 42~44℃，湿球 37~38℃，烘烤至叶片全黄转入升温定色

注：干球 40℃以前升温速度 1℃/h，40℃以后 0.5℃/h。

　　烘烤前统一取样采用杀青烘干法测定鲜烟叶含水率，并于变黄期结束后采用相同方法测定烟叶含水率，用于计算变黄结束后烟叶含水率。烘烤结束后，所有参与试验烟叶统一由质检师进行定级测产，进行各处理烘烤经济价值评比，并取综合烟叶样品做化学品质分析以确定不同处理对相同等级烟叶内在质量的影响。

二、技术分析

1. 烘烤变黄期不同温湿度调控后烟叶含水率比较

　　当烟叶达到变黄标准后，通过对烟叶水分含量的测定，由表 26 可知，低温低湿变黄（T1）、高温低湿变黄（T3）、低温高湿+高温低湿变黄（T5）都能将变黄后烟叶含水率控制在 50% 以下，分别为 46.9%、43.7%、45.7%，而低温高湿变黄（T2）和高温高湿变黄（T4）后的烟叶含水率都超过了 50%，分别为 53.7% 和 55.9%。T2 和 T4 无差异显著，但与其他 3 个处理相比达到差异显著水平。

表 26　变黄结束后各处理烟叶含水率情况　　　　　　单位:%

处理	烟叶含水率			
	重复 1	重复 2	重复 3	平均
T1	46.5	47.4	46.8	46.9b
T2	53.3	54.0	53.7	53.7a
T3	44.2	43.6	43.2	43.7b
T4	56.5	54.3	56.9	55.9a
T5	45.5	44.6	46.9	45.7b

注：不同字母表示 P 在 0.05 水平下达到显著水平。

因此从烘烤中烟叶含水率来看，低温低湿变黄（T1）、高温低湿变黄（T3）、低温高湿+高温低湿变黄（T5）3 个处理都符合使烟叶含水率控制在 50%以下的要求。

2. 变黄期不同温湿度调控后烤青烟、挂灰烟比例对比

烘烤结束后以每座烤房为单位，分别统计烤青烟和挂灰烟所占比例，其中烤青烟以所有带青的烟叶进行统计（不分严重程度），挂灰烟按轻度挂灰（挂灰面积较小，还可进入中等烟组的烟叶）和严重挂灰（挂灰面积较大，只能进入杂色组和完全失去利用价值的烟叶）分别进行统计（表27）。

表 27　变黄期不同温湿度调控后烤青烟、挂灰烟比例　　单位：%

处理		烤青烟比例	轻度挂灰烟比例	严重挂灰烟比例
重复1	T1	4.80	5.26	2.15
	T2	1.46	14.50	6.70
	T3	7.42	3.01	0.80
	T4	1.10	16.25	7.58
	T5	1.57	4.85	0.93
重复2	T1	4.24	6.36	1.86
	T2	1.89	13.81	7.23
	T3	6.95	3.47	1.16
	T4	1.13	15.93	6.86
	T5	1.22	4.98	1.12
重复3	T1	3.95	6.12	2.00
	T2	1.54	13.48	6.45
	T3	6.23	4.25	1.05
	T4	0.86	16.80	7.80
	T5	1.32	5.03	1.22
平均	T1	4.33b	5.91c	2.00c
	T2	1.63c	13.93b	6.79b
	T3	6.87a	3.58e	1.00d
	T4	1.03c	16.33a	7.41a
	T5	1.37c	4.95d	1.09d

注：不同字母表示 P 在 0.05 水平下达到显著水平。

通过表 27 可以看出，青烟比例最高的为高温低湿变黄（T3）处理，为 6.87%；其次为低温低湿变黄（T1）处理，为 4.33%。其主要原因是这 2 个处理在变黄期脱水速度过快，导致烟叶不能充分变黄，低温高湿变黄（T2）、高温高湿变黄（T4）和低温高湿+高温低湿变黄（T5）处理青烟比例分别为 1.63%、1.03% 和 1.37%，与前 2 个处理相比明显较低。但低温高湿变黄（T2）和高温高湿变黄（T4）2 个处理挂灰烟比例又远远超过其他 3 个处理，轻度挂灰率分别为 13.93% 和 16.33%，严重挂灰率分别为 6.79% 和 7.41%。因此综合数据来看，低温高湿+高温低湿变黄（T5）处理青烟比例为 1.37%、轻度挂灰比例为 4.95%、严重挂灰比例为 1.09%，轻度挂灰和严重挂灰的比例与其他 4 个处理相比差异达到显著水平。

3. 变黄期不同温湿度调控对烤后烟叶经济性状的影响

通过对不同烘烤处理烟叶进行定级测产后，得出不同烘烤处理烘烤后烟叶经济性状数据（表 28），对比分析见图 22。

表 28 变黄期不同温湿度调控烤后烟叶经济性状

处理		中等烟比例/%	上等烟比例/%	均价/（元/kg）
重复 1	T1	18.20	63.50	23.80
	T2	22.60	52.20	22.20
	T3	26.70	53.10	22.90
	T4	28.90	48.10	21.30
	T5	15.90	67.20	26.01
重复 2	T1	17.30	62.15	24.85
	T2	23.70	51.50	22.30
	T3	26.68	50.05	21.45
	T4	25.12	52.40	20.45
	T5	19.10	66.85	25.94
重复 3	T1	19.80	62.40	24.14
	T2	21.35	53.40	21.90
	T3	25.10	49.21	20.95
	T4	29.55	47.12	19.80
	T5	13.45	69.14	25.87

（续表）

处理		中等烟比例/ %	上等烟比例/ %	均价/ （元/kg）
平均	T1	18.43c	62.68b	24.26b
	T2	22.55b	52.37c	22.13c
	T3	26.16a	50.79c	21.77c
	T4	27.86a	49.21c	20.52d
	T5	16.15c	67.73a	25.94a

注：均价按 2013 年收购价格计算。不同字母表示 P 在 0.05 水平下达到显著水平。

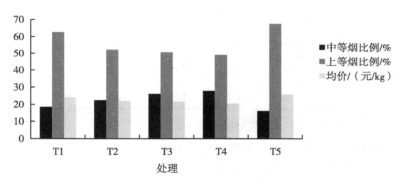

图 22　变黄期不同温湿度调控烤后烟叶经济性状对比

从试验结果看（表 28、图 22），低温高湿变黄（T2）、高温低湿变黄（T3）、高温高湿变黄（T4）中等烟所占比例都过高，分别为 22.55%、26.16%、27.86%。相对而言，其上等烟比例就要降低，直接影响烤烟的均价，以上 3 个处理均价分别为 22.13 元/kg、21.77 元/kg 和 20.52 元/kg。低温低湿变黄（T1）和低温高湿+高温低湿变黄（T5）处理上等烟比例都明显高于其他 3 个处理，分别为 62.68% 和 67.73%，尤其是低温高湿+高温低湿变黄处理（T5）最为明显，上等烟比例比最低处理高出 18.52 个百分点，均价 25.94 元/kg 也超出其他几个处理，比最低处理多 5.42 元/kg。

方差分析表明，T5 处理的上等烟比例和均价与其他 4 个处理相比差异达到显著水平；中等烟比例与 T2、T3、T4 相比差异显著，与 T1 相比差异不显著。

4. 变黄期不同温湿度调控对烟叶内在品质的影响

为了解变黄期不同温湿度调控是否对烟叶内在品质产生影响，试验对各处理烘烤后烟叶的 B2F 取样分析后发现：各处理烟叶样品总糖在 21.53% ~ 26.48%；还原糖在 19.24% ~ 23.04%；总氮在 2.36% ~ 2.86%；烟碱在 2.49% ~ 2.98%；K_2O 在 2.18% ~ 2.86%；氯离子在 0.17% ~ 0.26%；淀粉在 1.76% ~ 2.92%（表 29）。以上数据说明，该试验各处理对同等级烟叶内在化学品质影响不明显，所有处理检测样品都符合优质烟叶标准。

表 29　变黄期不同温湿度调控后烟叶内在化学成分

处理	总糖/%	还原糖/%	总氮/%	烟碱/%	氧化钾/%	氯/%	淀粉/%
T1	23.52	23.04	2.36	3.48	2.09	0.23	2.92
T2	21.53	19.24	2.43	3.76	2.45	0.18	2.36
T3	22.67	21.09	2.39	3.88	2.18	0.26	1.76
T4	26.48	21.06	2.86	3.49	2.18	0.23	2.29
T5	25.77	22.01	2.52	3.88	2.36	0.17	1.82

注：所取烟叶样品均为上桔二等级烟叶。

5. 变黄期不同温湿度调控烘烤成本对比

对几种烘烤处理进行烘烤成本核算对比，由表 30 可知，烘烤成本与烘烤总时间呈正相关，烘烤时间越长，成本越高，其中烘烤一炉烟叶成本最高的为低温低湿变黄（T1）处理 992.75 元，烘烤一炉烟叶成本最低为高温低湿变黄（T3）处理 853.42 元。说明在烘烤中，烟叶失水速度快的烘烤总时间就少，烘烤成本低；失水速度慢的烘烤总时间多，烘烤成本相对就高。

表 30　变黄期不同温湿度调控烘烤成本

处理		变黄期时间/h	烘烤总时间/h	烘烤用工成本/元	耗电成本/元	燃料成本/元	总成本/元
重复 1	T1	88.00	188.00	117.50	78.96	785.84	982.30
	T2	73.00	185.00	115.63	77.70	773.30	966.63
	T3	68.00	162.00	101.25	68.04	677.16	846.45
	T4	62.00	171.00	106.88	71.82	714.78	893.48
	T5	69.00	173.00	108.13	72.66	723.14	903.93

（续表）

处理		变黄期时间/h	烘烤总时间/h	烘烤用工成本/元	耗电成本/元	燃料成本/元	总成本/元
重复2	T1	86.00	191.00	119.38	80.22	798.38	997.98
	T2	75.00	179.00	111.88	75.18	748.22	935.28
	T3	70.00	166.00	103.75	69.72	693.88	867.35
	T4	65.00	174.00	108.75	73.08	727.32	909.15
	T5	72.00	180.00	112.50	75.60	752.40	940.50
重复3	T1	91.00	191.00	119.38	80.22	798.38	997.98
	T2	77.00	189.00	118.13	79.38	790.02	987.53
	T3	70.00	162.00	101.25	68.04	677.16	846.45
	T4	66.00	171.00	106.88	71.82	714.78	893.48
	T5	71.00	173.00	108.13	72.66	723.14	903.93
平均值	T1	88.33	190.00	118.75a	79.80a	794.20a	992.75a
	T2	75.00	184.33	115.21a	77.42a	770.51a	963.14a
	T3	69.33	163.33	102.08c	68.60c	682.73c	853.42c
	T4	64.33	172.00	107.50b	72.24b	718.96b	898.70b
	T5	70.67	175.33	109.58b	73.64b	732.89b	916.12b

注：不同字母表示 P 在 0.05 水平下达到显著水平。

三、技术效果

通过烘烤变黄期不同温湿度调控对 K326 上部烟叶质量影响的试验研究表明，烤青烟和挂灰烟都跟变黄期烟叶的含水率有明显关系，如含水率在 53% 以上的低温高湿变黄（T2）处理和高温高湿变黄（T4）处理虽然烤青烟比例低，但其轻度挂灰率分别为 13.93% 和 16.33%，严重挂灰率分别为 6.79% 和 7.48%；低温低湿变黄（T1）处理和高温低湿变黄（T3）处理由于在变黄期湿度过低，水分丧失快，所以在定色升温后挂灰烟比例很低，但也因水分过快丧失导致青烟大量出现，青烟比例分别为 4.33% 和 6.87%。综合所有数据分析，能同时降低挂灰烟比例和青烟比例的只有低温高湿变黄+高温低湿变黄（T5）处理，在该烘烤条件下烘烤的烟叶青烟比例为 1.37%，轻度挂灰烟比例为 4.95%，严重挂灰比例为 1.09%，主要得益于该处理采用前期保湿变黄和后期高温促黄促排湿的变黄方式，使得烟叶既保证了有足够水分参与变黄反应，又为变黄后期的大量排湿减少了在定色升温时的烟叶含水率。

在各处理中，低温高湿变黄+高温低湿变黄（T5）处理的上中等烟比例和均价明显高于其他处理，分别为 83.88% 和 25.94 元/kg，上等烟比例比最低处理高出 19.1 个百分点，均价比最低处理多 5.42 元，所以该处理对提高烘烤后烟叶质量和经济价值具有积极作用。虽然在烘烤成本上低温高湿变黄+高温低湿变黄（T5）处理为 916.12 元，并不为最低成本，但结合以上数据综合分析后得出，该处理为投入产出最优。通过对 5 种烟叶不同变黄期温湿度调控处理综合取样分析后发现，该试验各处理对同等级烟叶内在化学品质影响并不明显，各项检测指标都在优质烟叶标准范围内，5 种处理烘烤所产生的上等烟叶都符合优质烟叶标准。

对烘烤成本、耗电成本、燃料成本及总成本进行方差分析结果表明，T4、T5 处理与其他 3 个处理相比，差异均达到显著水平。

通过上述试验研究结果，按照最优处理编制玉溪烟区 K326 上部烟叶优化烘烤工艺技术规程（详见附录）并绘制曲线图（图 23）。该方式与当地传统烘烤方式曲线图（图 24）对比，其优点为：通过延长变黄前期时间、提高湿球温度和增加干球 36℃ 稳温阶段，有利于该阶段保温保湿促黄；在 38~42℃ 时，增加一个 40℃ 的稳温阶段，在确保烟叶更加充分变黄的同时，提前排除一定水分以减轻 42℃ 时的排湿压力，避免在 42℃ 变黄后期因排湿不够造成的挂灰或排湿过多造成的青筋，变黄期总时间相比传统方式增加了 14h 左右，所增加的时间主要集中在变黄前期的低温阶段；在定色期两种方式无明显变化，只要根据烟叶情况适当延长或减少时间即可。两种方式对比烘烤效果见表 31。

表 31　传统烘烤方式与推荐烘烤方式烘烤后烟叶质量对比

处理	挂灰烟比例/%	青筋烟比例/%	中上等烟比例/%
传统烘烤	16.4a	8.5a	69.8b
优化烘烤	7.2b	4.8b	83.0a

注：不同字母表示 P 在 0.05 水平下达到显著水平。

通过选取同质烟叶进行优化烘烤方式与传统烘烤方式的烘烤对比试验后得

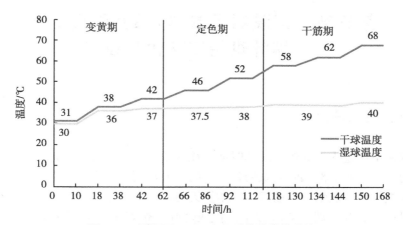

图 23　玉溪烟区 K326 上部叶传统烘烤曲线

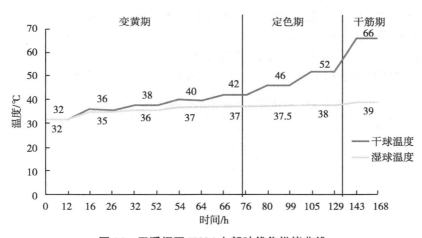

图 24　玉溪烟区 K326 上部叶优化烘烤曲线

出以下结果（表 31），优化烘烤方式与传统烘烤方式相比，挂灰烟下降了 9.2 个百分点，青筋烟下降了 3.7 个百分点，中上等烟比列提高 13.2 个百分点且差异显著。说明试验所优化的烘烤方法对降低烟叶烘烤损失提高烘烤质量具有显著效果。

第三节　玉溪烟区 K326 品种雨后上部烟叶烘烤工艺优化技术

一、技术设计

玉溪烟区进入上部烟叶成熟时期，往往雨水较多，且气温开始降低，如遇多阴雨天气，对上部烟叶的烘烤是不利的。通过调研发现，雨后采摘的上部烟叶，在烘烤后挂灰烟、青筋烟、枯糟及无使用价值的比例非常高，烟叶烘烤损失有时可占到全炉烟叶 40% 以上。挂灰烟叶在烘烤中的表现为通身变黄，不像正常烟叶由叶尖叶缘先变黄，而且变黄后一旦进入升温阶段挂灰的速度也较快。可见，造成以上情况的主要原因就是含水率过高。

通过多次对各试验点 K326 上部烟叶含水率的测定得知，正常采收烟叶的平均含水率一般在 80% 左右，平均含水率为 79.60%；而雨后采购的 K326 上部烟叶含水率普遍达到 85% 以上，平均含水率为 86.44%。方差分析结果表明，雨后采收烟叶的含水率与正常采收烟叶的含水率相比差异显著（表 32）。

表 32　两种不同环境下采收烟叶的含水率统计　　　　单位:%

处理	含水率	平均值
正常采收	78.3	79.60b
	80.2	
	79.7	
	80.5	
	79.3	
雨后采收	85.2	86.44a
	86.8	
	87.3	
	86.5	
	86.4	

注：不同字母表示 P 在 0.05 水平下达到显著水平。

根据雨后上部烟叶含水率高这一特点，在上部烟叶传统烘烤工艺技术的基础上，对其进行了优化：装烟密度不能过大，装正常容量的 85%～90% 为好，以利于热空气的循环和水分的顺利排出；烘烤中要采取先拿水、后拿色的烘烤方式，即在 38℃ 之后增加一个 40℃ 的稳温段，时间 12h 左右，让烟叶变黄与变软同时进行（传统方式直接由 38℃ 过渡到 42℃，此时温度过高，变黄速度加快，烟叶水分排出不够容易硬变黄），变黄后期温度调高至 44℃ 为宜，而不应采用 42℃ 低温慢变黄方式，这个温度既加大了排湿力度，又更有利于烟筋的变黄；定色期升温速度不宜太快，每 2h 升 1℃ 较好，避免因升温过快而水分未及时排出造成的挂灰。

二、技术分析

选取相同素质的雨后烟叶，采用两种不同烘烤工艺对烟叶进行烘烤，对比烘烤质量。烘烤结束后以每座烤房为单位，分别统计挂灰烟叶、烤青烟叶、枯糟及无使用价值烟叶的比例（表 33）。

表 33　两种不同烘烤工艺对烘烤后烟叶质量影响对比

处理	挂灰烟比例/%	挂灰烟比例降低百分点数	烤青烟比例/%	烤青烟比例降低百分点数	枯糟及无使用价值烟叶比例/%	枯糟及无使用价值烟叶比例降低百分点数	烟叶烘烤损失比例/%	烟叶烘烤损失比例降低百分点数
传统烘烤	21.1a	—	11.2a	—	8.1a	—	40.4a	—
优化烘烤	8.2b	12.9	6.8b	4.4	6.5b	1.6	21.5b	18.9

注：不同字母表示 P 在 0.05 水平下达到显著水平。

通过应用所优化的烘烤工艺技术并与传统的烘烤工艺相比较，雨后的上部烟叶采用传统的烘烤工艺技术烘烤，挂灰烟比例为 21.1%，烤青烟比例为 11.2%，枯糟烟及无使用价值烟叶的比例为 8.1%，烟叶烘烤损失为 40.4%；采用优化后的烘烤工艺技术，挂灰烟比例为 8.2%，烤青烟比例为 6.8%，枯糟烟及无使用价值烟叶的比例为 6.5%，烟叶烘烤损失为 21.5%。与传统烘烤工艺技术相比，优化烘烤工艺后，雨后烟叶烘烤后挂灰比例降低 12.9 个百分点，烤青烟叶比例降低 4.4 个百分点，枯糟及无使用价值烟叶比例减低 1.6 个百分点，烟叶烘烤损失比例降低 18.9 个百分点，且各指标间差异显著。优化后的烘烤工艺技术对降低雨后上部烟叶烘烤损失具有显著效果。

三、技术效果

针对雨后烟叶含水率较大的情况，优化了玉溪烟区 K326 品种雨后上部烟叶烘烤工艺技术并编写了烘烤技术规程（详见附录），同时绘制了烘烤工艺曲线图（图 25）。

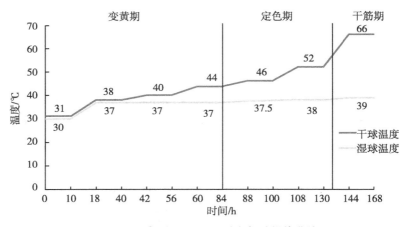

图 25　玉溪烟区 K326 雨后上部叶烘烤曲线

该烘烤方法技术要点主要包括：烤房装烟密度为正常容量的 85%～90%，以利于热空气的循环和水分的顺利排出；烘烤中采取先"拿"水、后"拿"色的烘烤方式，即在 38℃ 之后增加一个 40℃ 的稳温阶段，时间 12h 左右，让烟叶变黄与变软同时进行（传统方式直接由 38℃ 过渡到 42℃，此时温度过高，变黄速度加快，烟叶水分排出不够，烟叶容易硬变黄），变黄后期温度调高至 44℃ 为宜，而不应采用 42℃ 低温慢变黄方式，这个温度即加大了排湿力度，也更有利于烟筋变黄；定色期升温速度不宜太快，每 2h 升 1℃ 较好，避免因升温过快而水分未及时排出造成挂灰。

与传统烘烤工艺（图 26）技术相比，优化烘烤工艺后，雨后烟叶烘烤后挂灰比例降低 12.9 个百分点，烤青烟叶比例降低 4.4 个百分点，枯糟及无使用价值烟叶比例减低 1.6 个百分点，烟叶烘烤损失比例降低 18.9 个百分点且差异显著。优化后的烘烤工艺技术对降低雨后上部烟叶烘烤损失具有显著效果。

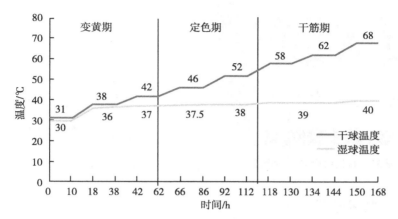

图 26 玉溪烟区 K326 上部叶传统烘烤曲线

第四节 玉溪烟区卧式烤房装烟方式改进

一、技术设计

目前烤房常规的装烟方式经常造成烤房内气流不通畅，致使上下前后各部位烟叶变化同步性差，使得烘烤人员难以判断，经常是升温则上台烤青，不升温则下台变黑，让烘烤人员陷入两难境地。通过改变装烟的方向（即烟竿垂直于烤房门，平行于烤房两侧墙壁）达到改善烤房内部气流环境，提高热空气流通通畅性，保障烤房内部空气温度、湿度均衡的目的。

试验按照传统装烟方式和改进装挂烟方式共设计 2 个处理（图 27、图 28）。在试验中将烤房分为上（烤房顶台中间位置）、下（烤房下台中间位置）、前（靠近烤房加热区一端）、后（靠近烤房装烟门一端）4 个部位用自动温度湿度监测仪进行实时监测。于烘烤结束后分别对两种方式进行定级比较。

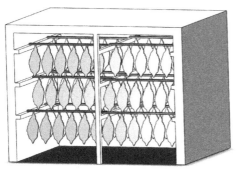

图 27　传统装烟方式示意图

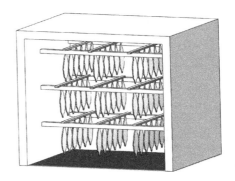

图 28　改进装烟方式示意图

二、技术分析

1. 不同装烟方式温度、湿度监测情况对比

表 34 的监测数据表明，在传统方式下，烘烤的各个阶段、各个部位的温度、相对湿度都有较明显的差异。在传统烘烤方式条件下，以下部位置温度 42℃ 时为例，烤房上部温度 40℃、前部温度 43℃、后部 40℃，温度差距接近 2℃，相对湿度也相差 3~4 个百分点。在这种情况下，烤房内各部位烟叶变化不一致是必然的，而目前烘烤指导温度都是以下部位置一个点的温湿度为指导，很难顾及整座烤房。

表 34　不同装烟方式温度、湿度监测情况对比

内容	传统方式				改变方式			
	上	下	前	后	上	下	前	后
温度/℃	36.5	38	37	36.5	37.0	38	37	37
相对湿度/%	96.0	92	95	93.0	96.0	95	95	94
温度/℃	40.0	42	43	40.0	41.5	42	42	41
相对湿度/%	92.0	89	90	88.0	90.0	89	90	89
温度/℃	44.0	46	47	46.0	45.0	46	46	46
相对湿度/%	47.0	43	40	41.0	43.0	42	40	41
温度/℃	50.0	52	53	52.0	52.0	53	53	53
相对湿度/%	25.0	22	19	19.0	20.0	21	19	19

而通过改变装烟方式，改善气流通畅性后，通过多次试验数据测定（表34）表明，该方式提高了整个烤房内部温度和相对湿度的均匀性，各位置温度相差1℃左右，相对湿度相差1~2个百分点。这就从根本上缩小了烤房内部烟叶变化差距，便于烘烤人员判断烘烤进度。

2. 不同装烟方式对烟叶烘烤质量的影响

通过对两种方式烘烤的烟叶分级后比较，改变装烟方式可以明显提高K326 烟叶中上等烟的比例（表35），对提高烟叶烘烤质量具有一定的实际意义。

表35　不同装烟方式对中上等烟比例的影响　　　　单位:%

叶位	次数	等级	传统方式				改变方式			
			上	下	前	后	上	下	前	后
上部叶	第一次	上等烟	52.80	53.50	53.10	53.80	58.90	59.80	59.50	58.40
		中等烟	20.90	20.43	20.80	21.20	24.20	24.60	24.30	23.60
	第二次	上等烟	52.60	54.10	53.70	53.50	58.50	59.40	59.10	57.45
		中等烟	20.30	20.20	20.80	21.00	23.20	22.30	22.80	22.70
	第三次	上等烟	51.90	53.72	54.10	53.90	57.60	59.90	59.50	58.60
		中等烟	20.70	20.80	19.90	21.50	22.10	24.30	22.65	23.30
	平均	上等烟	52.43	53.77	53.64	53.73	58.33	59.70	59.36	58.15
		中等烟	20.63	20.47	20.50	21.23	23.17	23.74	23.24	23.20
中部叶	第一次	上等烟	59.40	59.70	59.60	57.20	62.14	62.80	62.10	60.70
		中等烟	16.90	17.80	17.50	17.40	23.35	22.70	22.40	22.70
	第二次	上等烟	58.50	59.40	60.30	57.70	62.22	63.50	62.40	60.90
		中等烟	20.40	21.20	19.80	20.10	22.61	23.10	21.80	22.90
	第三次	上等烟	58.70	60.10	59.40	57.50	61.80	63.40	64.20	61.30
		中等烟	22.40	21.40	19.90	19.70	24.54	23.60	25.40	22.80
	平均	上等烟	58.86	59.73	59.77	57.47	62.04	63.23	62.90	60.96
		中等烟	19.90	20.13	19.07	19.07	23.50	23.13	23.20	22.80

3. 不同装烟方式对烟叶烘烤时间及燃料成本的影响

改变装烟方式后，装烟密度与传统装烟方式相比两者相差不大，但从整个试验过程中来看，通过改变装烟方式后，应适当降低装烟密度，因为改变装烟方式后，增加了装烟的难度，靠墙的最后一竿烟不易装，以及下烟的时候，由于密度过大，烟叶互相拉扯，造成叶片破碎带来损失，所以建议降低装烟密度，比传统装烟方式减少15~20竿烟有利于减少装烟难度和烟叶损失。从烘烤总时间上看，改变装烟方式后能有效缩短烘烤总时间，主要是在定色后期和干筋期节约了大量时间，烘烤总时间比传统装烟方式减少18~22h，一方面每炉烟节约人工费35~40元和减少了烟叶烘烤燃料成本115~140元，另一方面在一定程度上提高了烤房的周转率和使用效率，降低了因烤房紧张造成的抢采现象，从一定程度上减少了烘烤损失（表36）。

表36　不同装烟方式对烟叶烘烤时间及燃料成本的影响

叶位	传统方式		改变方式		节约时间/h	节约人工费/（元/炉）	节约燃料成本/元
	装烟竿数	烘烤时间/h	装烟竿数	烘烤时间/h			
上部叶	320	166	315	144	22	40	140
中部叶	300	152	298	134	18	35	115

三、技术效果

通过改进卧式烤房的装烟方式后（烟竿垂直于烤房门，平行于烤房两侧墙壁），各烘烤阶段及烤房不同位置的温度、相对湿度相对均衡，温度波动在0.5~1℃，相对湿度波动在1~2个百分点，温湿度的变化差异均未达到显著水平。挂烟方式的改进，减小了烟叶对空气循环的阻力，改善了烤房内的空气流通和循环条件，从而使烤房内不同位置的温湿度更加均衡且趋于所设定的烘烤温度。上部烟叶在改进装烟方式后，烤后烟叶的上中等烟比例与传统装烟方式相比提高了8.12个百分点；中部烟叶在改进装烟方式后，烤后烟叶的上中等烟比例与传统装烟方式相比提高了6.94个百分点。

改进装烟方式后，上部烟叶的烘烤时间、人工费用、燃料成本分别比传统装烟方式节约22h、40元/炉、140元/炉。中部烟叶的烘烤时间、人工费用、燃料成本分别比传统装烟方式节约18h、35元/炉、115元/炉。另外，装烟方式的改进，在一定程度上提高了烤房的周转和使用率，降低因烤房紧张造成的抢采现象和烘烤损失。两种不同装烟方式烟叶烘烤见图29。

综上所述，烤房装烟方式的改进，减小了烤房内部不同位置的温湿度波动幅度，促使烤房内部温度更加均匀，改善了烟叶的烘烤质量，提升了上中等烟的比例，同时节约了烘烤时间、降低了烘烤成本，达到了减工降本、提质增效的目的。

图 29 两种不同装烟方式烟叶烘烤

第四章 普洱烟区 K326 生产养分资源综合调控与管理运筹

第一节 普洱烟区 K326 生长适宜性及烟叶品质调查分析评价

一、技术设计

在普洱烟区选取具有代表性的 K326 种植区域，在各区域选取能代表大多数、长势均匀的 K326 和其他代表性主栽品种一个，各选烟株 150 株，于旺长期、打顶期、下部叶成熟期、中部叶成熟期及上部叶成熟期进行生长性状调查和病虫害发生情况调查，并挂牌采收、烘烤，烘烤完后由烟叶质检人员进行入户评价，同时进行计产、取样，分别取 B2F、C3F、X2F 等级烟叶各 5kg，进行化学成分检测和感官评吸质量分析。最后对各调查品种的农艺性状、产量、产值和感官质量等相关指标进行综合分析比较。

开展 K326 和当地主栽品种的同田对比试验研究，找出在相同植烟背景和生产管理技术条件下，两者的各种生产表现以及存在差距。

所选择调查区域覆盖普洱烟区 1 100~2 000m 海拔的主要植烟区域，在各海拔段设立监测调查点，调查 K326 田间生长、病虫害发生和烟叶烘烤情况，以了解不同海拔对 K326 生产状况的影响并找出解决办法。

二、技术分析

1. 普洱烟区 K326 和当地主栽品种基本情况调查对比

在普洱烟区的景东县安定乡，墨江县联珠镇、景星乡、鱼塘乡，镇沅县恩

乐镇、古城乡、和平乡、勐大乡和宁洱县德化乡、勐先乡共设置了 10 个调查
监测区域，分别对各个区域开展 K326 品种和其他主栽品种（云烟 87、云烟
85）的基本生产情况调查。

　　表 37 的分析结果表明，由于普洱是新烟区，各区域生产管理技术水平存
在一定差距，K326 经济性状表现在各区域之间起伏很大。综合平均数据来看，
K326 各项经济指标与其他两个品种相比，产量上并无太大差距，经济效益略
低。从单点数据对比可看出，在种植管理水平较好的区域，如安定和联珠两
地，K326 经济指标都表现很好，尤其是产量优势明显。

表 37　普洱烟区 K326 和当地主栽品种经济性状（2011 年）

地点	品种	亩产量/（kg/亩）	亩产值/（元/亩）	均价/（元/kg）	各等级烟叶比例/%		
					上中等	下等	烘烤损失
安定	K326	174.10	3 163.40	18.17	73.82	9.98	16.20
连珠		186.46	3 437.52	18.43	71.22	10.26	15.52
恩乐		135.31	2 423.40	17.91	73.65	9.85	16.50
和平		162.96	2 922.90	17.94	71.08	7.44	18.48
景星		139.60	2 710.63	18.85	71.50	10.07	15.43
平均		159.69	2 931.57	18.26	72.25	9.52	16.43
连珠	云 85	157.45	2 993.19	19.01	76.05	9.63	14.32
恩乐		160.00	3 081.60	19.26	76.25	9.51	14.24
和平		161.00	3 123.40	19.40	76.34	9.45	14.21
勐先		156.01	2 845.25	19.92	77.47	8.47	14.06
平均		158.62	3 010.86	19.40	76.53	9.27	14.21
勐大	云 87	161.20	3 304.00	20.50	78.24	8.02	13.74
景星		140.50	2 711.65	19.30	77.26	8.07	14.67
德化		176.50	3 415.20	19.35	76.89	8.41	14.70
平均		159.40	3 143.62	19.72	77.46	8.17	14.37
方差分析	K326	159.69a	2 931.57a	18.26b	72.25b	9.52a	16.43a
	云 85	158.62a	3 010.86a	19.40a	76.53a	9.27a	14.21b
	云 87	159.40a	3 143.62a	19.72a	77.46a	8.17b	14.37b

　　注：不同字母表示 P 在 0.05 水平下达到显著水平。

　　2011 年，普洱全市的烟叶收购均价为 18.85 元，调查点的 K326 的均价为
18.26 元，比全市均价低 0.59 元，低 3.1%；云 85、云 87 的均价为 19.40 元、

19.72 元, 比全市收购均价高出 0.55 元、0.87 元, 高出 2.9%、4.6%（表 37、图 30 至图 32）。

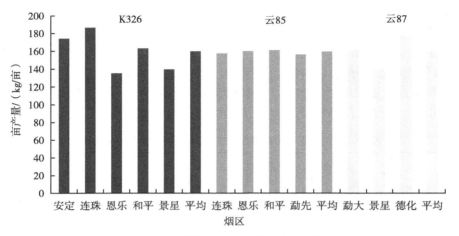

图 30　普洱烟区不同品种亩产量对比

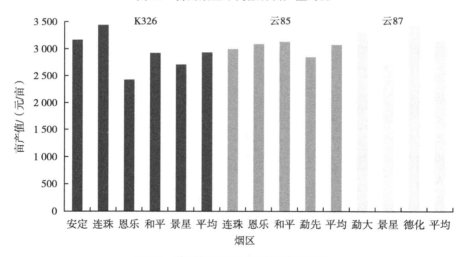

图 31　普洱烟区不同品种亩产值对比

　　对调查点所取 K326、云 85、云 87 烟叶样品进行化学成分分析, 结果见表 38, 普洱烟区 K326 中上部叶除总氮含量稍低, 总糖、还原糖、烟碱含量都较适中; 糖碱比值中上部叶都趋于协调; 石油醚提取物也表明 K326 的香气物质量较丰富, 该分析数据跟其他 K326 主要种植区域能代表 K326 特点的化学指标相比并无明显差异。

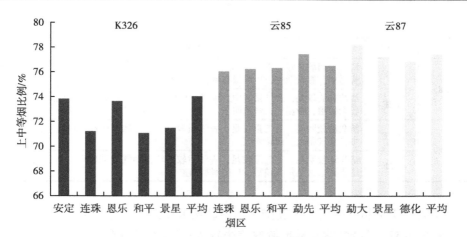

图 32 普洱烟区不同品种上中等烟比例

表 38 调查点 K326、云 85、云 87 烟叶化学品质分析

品种	等级	总糖/%	还原糖/%	烟碱/%	总氮/%	氧化钾/%	氯/%	糖碱比	钾氯比	氮碱比	两糖差
K326	B2F	29.61	25.68	1.84	2.44	2.23	0.42	16.09	5.31	0.75	3.93
	C3F	30.07	25.70	1.69	2.24	2.06	0.44	17.79	4.68	0.75	4.37
云 85	B2F	29.09	22.46	2.23	3.24	1.99	0.24	13.04	8.29	0.69	6.63
	C3F	27.59	22.19	2.15	2.70	2.23	0.45	12.83	4.96	0.80	5.40
云 87	B2F	29.05	24.79	2.02	2.68	2.33	0.34	14.38	6.85	0.75	4.26
	C3F	32.64	25.18	1.94	2.03	2.09	0.44	16.82	4.75	0.96	7.46

　　结合调查点 K326 烟叶综合评吸描述情况（表 39）可知，普洱烟区 K326 烟叶香气风格典型，香气较清晰明亮而上扬，香气量足，基本能彰显 K326 品种烟叶风格特点，但焦枯和木质气息稍重，是普洱烟区作为新烟区，成熟采烤和烘烤技术掌握不够所致。

表 39 调查点烟叶评吸描述情况

品种	级别	评吸描述
K326	C3F	清香风格突出，香气质较好，香气量较足，浓度稍欠，稍有焦枯和木质气息，稍欠湿润
	B2F	部位特征明显，香气量足，浓度高，质感稍粗糙，底蕴厚实，稍有刺激，劲头较大，焦枯和木质气稍显，回味偏焦

品种	级别	评吸描述
云 85	C3F	清甜、烤韵较好，香气量稍弱，香气质稍粗，烟气浓度较高，刺激性轻，劲头适中，有粉杂气，口腔微有颗粒感，回味稍苦
	B2F	清甜香韵较差，香气量适中，香气质较粗，烟气浓度较高，劲头偏大，枯焦、粉杂稍重，微涩口，颗粒明显，回粉、回焦稍重
云 87	C3F	清甜韵较明显，香气量较足，香气质较好，烟气浓度较高，刺激轻，劲头适中，杂气稍重，回味稍欠
	B2F	清甜韵较明显，香气量较足，香气质较粗糙，烟气浓度较高，刺激轻，劲头适中偏大，枯焦气稍重，口腔回焦稍重

综合以上分析，普洱作为新烟区，各区域 K326 种植生产管理技术参差不齐，导致 K326 经济性状指标地域性差距较大；K326 各项化学指标趋于协调，评吸描述也能彰显 K326 品种烟叶风格特点。如加强和提高生产管理技术水平，K326 烤烟在普洱烟区应该具有很大的发展空间，应能生产出符合工业需求的优质烟叶。

2. 普洱烟区 K326 与当地主栽品种云 87 的对比分析

为摸清 K326 品种在当地的适宜性和准确掌握 K326 品种与当地主栽品种云烟 87 在农艺性状、产值、产量和品质上的差别，2011 年在镇沅县和平乡和澜沧县谦六乡、2012 年在澜沧县谦六乡进行了 K326 与云 87 的对比试验。

从表 40 中得出，除谦六试验点 K326 株高低于云 87 外，K326 其他农艺性状均表现为好于云 87。说明在相同管理水平下，K326 田间生长势要明显优于主栽品种云 87，田间经济生物量要比云 87 高。

表 40　不同品种农艺性状调查表（2011 年）

试验点	品种	株高/ cm	茎围/ cm	有效叶/ 片	叶面积 系数
和平	K326	94a	9.14a	21.5a	4.21a
	云 87	86b	8.85a	18.7b	4.09b
谦六	K326	103a	9.04a	20.6a	3.62a
	云 87	105a	8.64a	18.3b	3.49a

注：不同字母表示 P 在 0.05 水平下达到显著水平。

从表 41 得知，K326 的有效叶片数、茎围、最大叶、叶面积指数等均优于对照云 87 品种，且茎围、叶面积指数和节距间差异显著，烟株田间长势也明显好于主栽品种云 87。

表 41 澜沧县谦六乡 K326 与云 87 农艺性状对比（2012 年）

调查点 及品种	株高/cm	有效叶/ 片	茎围/ cm	最大叶 （长×宽）/cm	叶面积 指数	节距/ cm
K326	103.5a	22.6a	9.04a	95.5×28.9	3.62a	4.23b
云 87	105.1a	18.3b	8.64b	96.3×28.4	3.19b	5.45a

注：不同字母表示 P 在 0.05 水平下达到显著水平。

综合分析 2011 年、2012 年的数据结果表明：K326 品种在两年得出的结论一致，在相同的生产管理水平条件下，K326 品种的农艺性状、田间长势均优于云 87 品种，说明 K326 品种在普洱的适宜烟区适宜种植。

从表 42、表 43 可以看出，2011 年、2012 年和平试验点和谦六试验点均表现出相同特性，两年的调查结果均表明，K326 品种烟叶烘烤损失均大于云 87 品种，K326 均价和上中等烟比例略低于云 87，说明烟叶外观质量比云烟 87 要稍显不足，主要是 K326 在烘烤中易挂灰，加之烘烤技术掌握不全面所致。2012 年的数据分析显示，K326 与云 87 相比，均价、上中等烟比例差异均达到显著水平。

表 42 不同品种烟叶产值（2011 年）

调查点 及品种	亩产量/ （kg/亩）	亩产值/ （元/亩）	均价/ （元/kg）	各等级烟叶比例/%		
				上中等	下等	烘烤损失
和平（K326）	162.90a	2 906.14a	17.84c	75.14b	8.65b	16.21a
和平（云 87）	150.30b	2 702.39b	17.98c	75.16b	9.50a	15.34a
谦六（K326）	154.10b	2 947.93b	19.13b	76.67a	8.71b	14.62b
谦六（云 87）	148.31b	3 044.80a	20.53a	77.24a	9.64a	13.12c

注：不同字母表示 P 在 0.05 水平下达到显著水平。

表 43 澜沧县谦六乡 K326、云 87 品种产质量情况（2012 年）

调查点 及品种	亩产量/ （kg/亩）	亩产值/ （元/亩）	均价/ （元/kg）	各等级烟叶比例/%		
				上中等	下等	烘烤损失
K326	154.10a	3 431.81a	22.27b	76.28b	9.11a	14.61b
云 87	146.31b	3 410.49a	23.31a	78.12a	8.14b	13.74b

注：不同字母表示 P 在 0.05 水平下达到显著水平。

从烟叶化学成分分析结果来看（表44），总氮量 K326 高于云 87，但两个品种的总氮含量都不算太高，且由于 K326 的糖含量较高，所以烟气中的酸碱性产物能得到平衡协调，吃味会显得更醇和。K326 钾氯比值稍高，烟叶的燃烧性会稍好于云 87；淀粉含量为 K326 表现较好，石油醚提取物 K326 高于云 87，说明 K326 的香气物质量比云 87 要丰富。

表44　不同品种烟叶化学成分分析

化学成分	K326		云 87	
	中部叶	上部叶	中部叶	上部叶
总糖/%	32.61	29.40	31.46	28.96
还原糖/%	27.68	24.12	26.82	23.77
烟碱/%	2.44	3.78	2.25	3.62
总氮/%	1.84	2.03	1.62	1.85
氧化钾/%	2.24	1.76	2.69	1.92
淀粉/%	6.60	7.80	7.53	7.73
石油醚提取物/%	6.15	5.96	5.45	5.14
氯离子/%	0.26	0.39	0.11	0.20
两糖差	4.93	5.28	4.64	5.19
糖碱比	13.36	7.78	13.98	8.00
钾氯比	8.62	4.51	24.45	9.60

综上所述，在相同的生产环境和生产管理水平下，从烟株的农艺性状、田间生物经济产量、烤后烟叶的外观、内在化学成分和感官评吸等多方面的综合评价来看：K326 田间生长势要明显优于主栽品种云烟 87，田间经济生物量优于云 87；烤后烟叶外观质量 K326 比云 87 稍差，但由于产量高于云 87，整体亩产值高于云 87，如果烘烤技术再得以有效提高，K326 的经济效益还将进一步提高，烟叶内在品质也会好于云 87。

3. 普洱烟区不同海拔 K326 品种种植适应性调查、分析与评价

普洱烟区海拔范围较广，为充分了解不同海拔范围对 K326 种植适应性的影响，2011 年对普洱的安定、联珠、恩乐、和平 4 个乡镇，2012 年对谦糯、毕库、文广、复兴、田坝 5 个乡镇进行了调查。

表 45　普洱烟区不同海拔范围 K326 品种种植基本情况调查

地点	海拔/m	大田生育期/天	采收期/天	有效叶/片	株高/cm	茎围/cm	叶面积指数	亩产量/kg	均价/(元/kg)
谦糯	1 220	106	45	18	82	3.01	3.41	148.40c	19.15b
恩乐	1 430	109	56	19	102	2.89	3.42	135.31c	19.91b
毕库	1 640	115	56	19	93	2.97	3.31	152.10b	21.17a
联珠	1 640	112	62	21	98	2.74	4.20	186.46a	19.83b
和平	1 650	114	69	20	98	2.77	3.74	162.96b	20.94b
田坝	1 667	108	62	21	94	2.94	3.62	154.10b	22.27a
文广	1 680	121	61	22	95	2.88	4.12	176.30a	24.03a
复兴	1 718	128	66	21	98	3.02	3.68	158.60b	22.38a
安定	1 812	129	68	20	101	2.87	4.11	174.10b	19.37b

注：不同字母表示 P 在 0.05 水平下达到显著水平。

通过对表 45 调查数量的分析得出，海拔是直接影响 K326 整个大田生长期的主要因素，随着海拔的升高，大田生长期也有所延长，采收期也随之延长。综合各因素看，K326 在普洱烟区海拔 1 000~2 000m 都能正常生长，田间农艺性状表现都相对正常。但是海拔过低或过高对经济性状都会造成一定影响，主要原因是 K326 在 1 000~1 400m 海拔段虽然田间农艺性状表现很好，但由于温度高、湿度大，烟叶白粉为害较重，烟叶容易早熟，田间落黄快，常造成烘烤进度赶不上落黄速度而致使成熟烟叶得不到及时采收，且烤后烟叶由于干物质含量少而偏薄，单叶重较低，影响烟叶产质量。1 800~2 000m 海拔段田间农艺性状调查表现正常，但由于后期气温偏低，烟株生育期较长，一般超过 128 天以上，到后期气温降低，上部叶得不到充分开片且叶片偏厚，对上部叶的烘烤造成一定困难且烘烤损失较大。从表 45 中可以得出 1 640~1 718m 海拔的烟叶亩产量和均价均好于其他海拔区域。

针对普洱低海拔植烟区高温高湿的独特气候环境使 K326 烟叶在大田生长后期表现较差，同时白粉病发病率也过高的现象，2012 年在澜沧县谦六乡谦糯村（海拔 1 220m）开展不同种植密度试验。

通过对表 46 统计数据的分析可知，低海拔区域适当降低种植密度为 1 000 株/亩，田间农艺性状明显好于 1 100 株/亩的处理。由于株数减少，烟株的行间距增大，增加了田间的透光、透气能力，烟株农艺性状得以充分体现，植株长势良好，且以白粉病为典型代表的真菌类病害发生率得以有效控制，所以烟叶产量不减反增，产值也有所提高。方差分析表明，除亩产量外，其他指标间差异显著。

表 46 K326 不同种植密度对比试验调查表

种植密度/ （株/亩）	株高/ cm	有效叶/ 片	茎围/ cm	叶面积 指数	白粉病 发病率	亩产量/ kg	亩产值/ 元
1 100	92.2b	18.6b	2.89b	3.45b	27%b	142.4a	3 163.5b
1 000	101.5a	21.2a	2.97a	3.81a	5.4%a	147.3a	3 398.1a

注：不同字母表示 P 在 0.05 水平下达到显著水平。

三、技术效果

综合以上针对普洱烟区 K326 适宜性、烟叶产质量的调查和研究结果来看，普洱烟区种植 K326 不存在明显的自然条件限制因素，大部分区域的气候、土壤环境都较适宜 K326 的种植，都能生产出适合工业需求的 K326 优质烟叶。

调查后得出，在普洱烟区 1 000~2 000m 海拔都适宜种植 K326 品种，其中 1 400~1 800m 海拔段可划分为 K326 种植最适宜区，该海拔段 K326 种植各方面性状表现都很好，烤后烟叶质量、产量都能保证。所以，普洱烟区 K326 种植适宜的海拔区域应在 1 400~1 800m；1 000~1 400m、1 800~2 000m 次之，可初步定为次适宜区域；海拔在 1 000m 以下及 2 000m 以上区域为不适宜种植区域。对于次适宜区的低海拔段所表现出的问题可采用降低种植密度为 1 000 株/亩来解决；高海拔段应适当提前移栽日期到 4 月 10 号前后，保证上部叶在气温下降前得到充分开片。普洱烟区各乡镇植烟生态适宜性区划见表 47，普洱烟区不同海拔植烟区划见图 33。

表 47 普洱烟区各乡镇植烟生态适宜性

县（区）	适宜区	次适宜区
镇沅	按板、田坝、勐大、振太、和平	者东、恩乐、九甲
景东	文龙、漫湾、林街、景福、小龙街、安定	文井、锦屏、大朝山、太忠、文龙
墨江	鱼塘、景星、新抚、通关、团田、孟弄、雅邑、新安、联珠	孟弄、新安、龙坝、雅邑
景谷	半坡、小景谷、凤山	永平、民乐、正兴、威远、半坡
宁洱	同心、宁洱、勐先、德安、梅子、普义	德化
思茅	龙潭	云仙
澜沧	谦六	

图33　普洱烟区不同海拔植烟区划

由于普洱烟区 K326 种植经验少、气候条件独特，烟农对 K326 烤烟生产技术掌握不太全面，如加强技术管理和技术培训工作并结合各区域自然环境因地制宜制定生产技术措施，普洱烟区的 K326 产量和质量还具有很大提升空间。

第二节　普洱烟区 K326 优质适产养分临界值施肥技术体系

一、技术设计

2011 年在镇沅县和平乡、2012 年在墨江县团田乡和澜沧县谦六乡开展 K326 大田试验，主要研究不同营养状况对 K326 田间生长情况以及对产量、质量和品质的影响，最终找到 K326 优质烟叶田间生产最佳施肥量和比例，并通过试验研究数据建立普洱烟区 K326 优质适产养分临界值施肥体系。

养分临界值施肥体系构建方法主要包括土壤有效养分贡献和当季施肥两部分，即 K326 适产养分临界值＝土壤有效养分贡献量＋当季最佳施肥量。土壤有效养分贡献量和当季最佳施肥量均从烤烟施肥试验所得，土壤有效养分贡献量＝耕作层土壤养分含量×土壤养分校正系数，土壤养分校正系数＝（不施肥条件下烤烟产量×单位产量养分需求量）／（耕作层土壤养分含量×0.15）。通过试验研究，确定烤烟特定种植区 K326 的适产养分临界值施肥体系，也就可以在烤烟种植施肥管理的推广中，只需通过测定土壤速效养分含量，再通过一定的计算确定当季烤烟生产的科学施肥量。

3 个试验点基本情况见表 48。试验肥料统一使用烟草专用复合肥（N：P_2O_5：K_2O ＝ 10：12：24），不足以单质化学肥料补充［氮肥为硝铵（含 N 30%），磷肥为钙镁磷肥（含 P_2O_5 12%），钾肥为硫酸钾（含 K_2O 50%）］。

表 48　各试验点土壤理化性状

试验点	海拔/m	土壤类型	pH 值	有机质/（g/kg）	碱解氮/（mg/kg）	速效磷/（mg/kg）	速效钾/（mg/kg）	全氮/%	全磷/%	全钾/%
和平	1 686	红壤	5.6	47.41	218.17	45.5	64.20	0.29	0.45	0.93
团田	1 705	红壤	5.2	58.89	123.60	52.5	215.10	0.28	0.55	0.91
谦六	1 489	红壤	5.4	30.70	83.07	36.1	106.58	0.15	0.08	1.70

施肥方法：60%的氮肥、60%磷肥、60%钾肥作为基肥，施肥方法为穴施；第一、第二次提苗肥氮肥、磷肥和钾肥均为10%，于移栽后 7 天、14 天施入，追施方法均为兑水浇施；第三次提苗肥氮肥、磷肥和钾肥均为20%，于移栽后 25 天穴施。

试验设氮、磷、钾 3 个因素，4 个水平，3 次重复，随机区组排列。其中 4 个施肥水平分别是：0 水平为不施肥，1 水平为减量施肥水平，2 水平为最佳推荐施肥量，3 水平为过量施肥水平。处理肥料用量见表 49。

表 49　各试验点各处理肥料用量

处理	施 N 量			施 P_2O_5 量			施 K_2O 量		
	和平	团田	谦六	和平	团田	谦六	和平	团田	谦六
N0P2K2	0	0	0	7.9	9.6	8.4	22.0	22.4	19.6
N1P2K2	6.1	5.0	4.0	7.9	9.6	8.4	22.0	22.4	19.6
N2P2K2（OPT）	7.6	8.0	7.0	7.9	9.6	8.4	22.0	22.4	19.6

（续表）

处理	施N量			施P₂O₅量			施K₂O量		
	和平	团田	谦六	和平	团田	谦六	和平	团田	谦六
N3P2K2	9.1	11.0	11.0	7.9	9.6	8.4	22.0	22.4	19.6
N2P0K2	7.6	8.0	7.0	0.0	0.0	0.0	22.0	22.4	19.6
N2P1K2	7.6	8.0	7.0	6.7	6.0	4.8	22.0	22.4	19.6
N2P3K2	7.6	8.0	7.0	9.1	13.2	12.0	22.0	22.4	19.6
N2P2K0	7.6	8.0	7.0	7.9	9.6	8.4	0.0	0.0	0.0
N2P2K1	7.6	8.0	7.0	7.9	9.6	8.4	17.6	14.0	11.2
N2P2K3	7.6	8.0	7.0	7.9	9.6	8.4	26.4	30.8	28.0

试验共设 10 个处理，每个小区 27m²，45 棵烟，移栽密度为 1.2m×0.5m，小区烟叶进行挂牌烘烤并单独计产，试验田间管理均严格按当地烤烟栽培管理技术规程操作，并于试验结束后取土样和植株样做分析测试和评吸。

二、技术分析

1. 不同养分管理对 K326 农艺性状的影响

各试验点不同养分管理对 K326 农艺性状的影响见表 50 至表 52。

表 50　和平试验点不同养分管理对 K326 农艺性状的影响

处理	株高/cm	有效叶/片	茎围/cm	最大叶（长×宽）/cm	叶面积指数	节距/cm
N0P2K2	82.3c	17.1c	9.01c	68×22	3.11d	5.41b
N1P2K2	107.5b	19.1b	9.48a	72×30	3.84b	5.49b
N2P2K2（OPT）	109.9b	20.4a	9.58a	76×31	3.98b	5.53a
N3P2K2	116.1a	20.8a	9.70a	74×30	4.22a	5.60a
N2P0K2	106.1b	17.6c	9.20b	69×24	3.41c	5.45b
N2P1K2	109.3b	19.5a	9.39b	72×30	3.60c	5.54a
N2P3K2	108.9b	19.6a	9.89a	76×29	3.59c	5.66a
N2P2K0	105.8b	18.8b	9.29b	68×23	3.09d	5.51a
N2P2K1	108.9b	19.7a	9.45b	76×29	3.81b	5.55a
N2P2K3	108.1b	20.0a	9.95a	76×30	3.26d	5.65a

注：不同字母表示 P 在 0.05 水平下达到显著水平。

表 51　团田试验点不同养分管理对 K326 农艺性状的影响

处理	株高/cm	有效叶/片	茎围/cm	最大叶（长×宽）/cm	叶面积指数	节距/cm
N0P2K2	90.60c	18.40a	6.69c	65×28	2.08b	3.46c
N1P2K2	98.60b	18.70a	7.88b	70×33	2.92b	4.50a
N2P2K2（OPT）	106.60a	18.50a	8.35a	80×40	3.45a	4.86a
N3P2K2	100.20a	18.40a	7.94b	76×34	2.88b	4.66a
N2P0K2	85.40c	18.80a	7.00b	67×25	2.15c	4.68a
N2P1K2	95.40b	16.40b	7.38b	72×33	2.29b	4.78a
N2P3K2	88.40c	19.20a	7.76b	72×32	3.08a	4.54a
N2P2K0	80.40c	18.20a	6.85c	67×24	1.94c	4.00b
N2P2K1	93.00b	18.80a	7.35b	68×34	2.27c	4.78a
N2P2K3	93.60b	19.00a	7.50b	73×33	2.46c	4.76a

注：不同字母表示 P 在 0.05 水平下达到显著水平。

表 52　谦六试验点不同养分管理对 K326 农艺性状的影响

处理	株高/cm	有效叶/片	茎围/cm	最大叶（长×宽）/cm	叶面积指数	节距/cm
N0P2K2	101.2a	17.3b	7.82b	62×27	2.81b	5.04c
N1P2K2	103.5a	20.6a	8.10a	65×29	3.25a	5.23a
N2P2K2（OPT）	105.1a	20.3a	8.32a	66×30	3.59a	5.35a
N3P2K2	104.2a	21.7a	8.13a	66×31	3.18a	5.17b
N2P0K2	99.1a	18.7b	7.82	62×27	2.46b	5.08c
N2P1K2	103.3a	21.0a	8.04b	65×29	3.27a	5.19b
N2P3K2	106.2a	21.5a	8.23a	63×28	2.84b	5.22a
N2P2K0	101.2a	18.1b	7.41c	61×27	2.09c	5.13b
N2P2K1	102.8a	20.8a	7.94b	63×28	2.69b	5.27a
N2P2K3	105.1a	21.3a	8.32a	66×30	3.59a	5.35a

注：不同字母表示 P 在 0.05 水平下达到显著水平。

　　对表 50 至表 52 的统计数据分析结果表明，各试验点株高、茎粗、节距、叶面积指数及最大叶随氮、磷、钾肥施用量的增加呈先升高后降低的趋势；除缺肥处理有效叶较少外，其他处理对有效叶的影响并不明显。各试验点表现最稳定的均为 OPT 处理，即试验推荐处理，说明在氮、磷、钾肥做到最佳配比施用后，对 K326 田间正常生长起到关键作用。

2. 不同养分管理对 K326 经济性状影响

烟叶成熟后，按不同处理分小区进行烘烤，烘烤后按国标进行分级，测定其经济产量和产值，3 个试验点结果见表 53 至表 55，不同处理对烟叶产量、上中等烟叶比例、均价及亩产值的对比分析见图 34 至图 45。

表 53　和平试验点不同养分管理对 K326 主要经济性状的影响比较

处理	产量/ （kg/亩）	中上等烟比例/ %	均价/ （元/kg）	产值/ （元/亩）
N0P2K2	88.9d	58.2b	18.3a	1 626.87c
N1P2K2	143.5b	74.1a	18.83a	2 702.11a
N2P2K2（OPT）	154.6a	80.4a	18.89a	2 920.39a
N3P2K2	164.3a	79.9a	16.45b	2 702.74a
N2P0K2	84.7d	61.5b	16.81b	1 423.81c
N2P1K2	147.1b	75.45a	18.46a	2 715.47a
N2P3K2	145.8b	78.6a	16.85	2 456.73b
N2P2K0	50.5e	65.5b	18.79a	948.90d
N2P2K1	127.1c	79.3a	18.80a	2 389.48b
N2P2K3	157.7a	78.8a	17.96a	2 832.29a

注：均价与产值计算参照 2011 年烟叶收购价。不同字母表示 P 在 0.05 水平下达到显著水平。

表 54　团田试验点不同养分管理对 K326 主要经济性状的影响比较

处理	产量/ （kg/亩）	中上等烟比例/ %	均价/ （元/kg）	产值/ （元/亩）
N0P2K2	88.30c	59.70c	22.98c	2 029.13c
N1P2K2	141.20b	73.50b	24.07a	3 398.68b
N2P2K2（OPT）	148.70b	81.10a	24.69a	3 671.40a
N3P2K2	156.10a	79.40a	22.53c	3 516.93b
N2P0K2	94.10c	62.10c	22.90c	2 154.89
N2P1K2	144.50b	75.50b	23.27b	3 362.52b
N2P3K2	142.60b	78.50a	24.06a	3 430.96a
N2P2K0	95.80c	64.90c	22.55c	2 160.29c
N2P2K1	137.40b	79.20a	23.10b	3 173.94b
N2P2K3	148.00b	77.90a	23.35b	3 455.80a

注：均价与产值计算参照 2012 年烟叶收购价。不同字母表示 P 在 0.05 水平下达到显著水平。

表 55　谦六试验点不同养分管理对 K326 主要经济性状的影响比较

处理	产量/ （kg/亩）	中上等烟比例/ %	均价/ （元/kg）	产值/ （元/亩）
N0P2K2	71.70d	58.50c	20.14c	1 444.04c
N1P2K2	131.30b	72.30b	23.93b	3 142.01b
N2P2K2（OPT）	148.20a	81.20a	25.62a	3 796.88a
N3P2K2	147.50a	74.50b	23.86b	3 519.35a
N2P0K2	80.91d	63.60c	21.34c	1 726.62c
N2P1K2	135.70b	76.20b	24.99b	3 391.14b
N2P3K2	141.20a	77.20b	24.63b	3 477.76b
N2P2K0	65.22d	60.70c	21.87c	1 426.36c
N2P2K1	129.30c	74.80b	24.44b	3 160.09b
N2P2K3	138.80b	77.60b	23.68b	3 286.78b

注：均价与产值计算参照 2012 年烟叶收购价。不同字母表示 P 在 0.05 水平下达到显著水平。

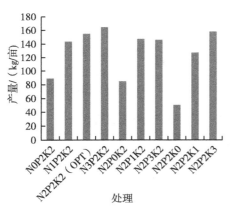

图 34　和平试验点不同处理烟叶
亩产量对比（2011 年）

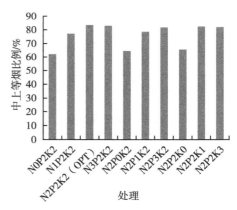

图 35　和平试验点不同处理上中
等烟比例对比（2011 年）

　　和平试验点 N2P2K2（OPT）产值、均价、上中等烟比例分别为 2 920.39 元/亩、18.89 元、80.40%，为该点最优处理。不施氮、磷、钾肥经济性状表现最差，缺钾处理最为明显；过量施用氮、钾肥，产量有所提高，但上中等烟比例、均价和产值表现开始降低；过量施用磷肥时，上中等烟比例有所提高，但其他经济性状指标都有不同程度下降。

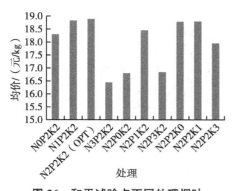

图 36 和平试验点不同处理烟叶
均价对比 (2011 年)

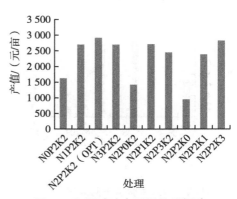

图 37 和平试验点不同处理烟叶
亩产值对比 (2011 年)

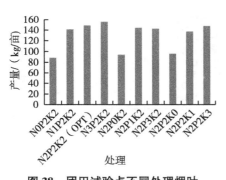

图 38 团田试验点不同处理烟叶
亩产量对比 (2012 年)

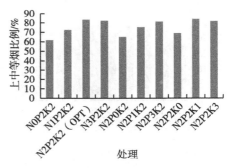

图 39 团田试验点不同处理上中
等烟比例对比 (2012 年)

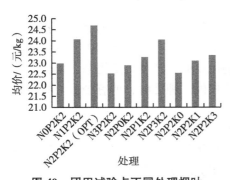

图 40 团田试验点不同处理烟叶
均价对比 (2012 年)

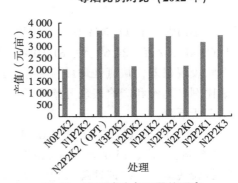

图 41 团田试验点不同处理亩
产值对比 (2012 年)

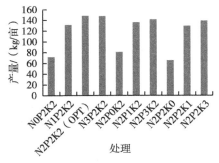

图 42 谦六试验点不同处理烟叶
亩产量对比（2012 年）

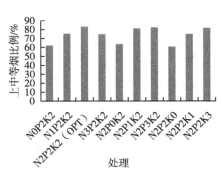

图 43 谦六试验点不同处理上中
等烟比例对比（2012 年）

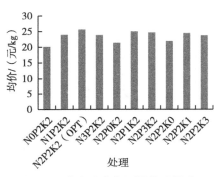

图 44 谦六试验点不同处理烟叶
均价对比（2012 年）

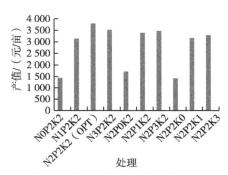

图 45 谦六试验点不同处理烟叶
亩产值对比（2012 年）

团田试验点 N2P2K2（OPT）产值、均价、上中等烟比例分别为 3 671.40 元/亩、24.69 元、81.10%，为该点最优处理。不施氮、磷、钾肥经济性状表现最差，缺氮处理最为明显；过量施用氮肥，产量有所提高，但上中等烟比例、均价和产值表现开始降低；过量施用磷、钾肥时，所有经济性状指标都有所下降。

谦六试验点 N2P2K2（OPT）产值、均价、上中等烟比例分别为 3 796.88 元/亩、25.62 元、81.20%，为该点最优处理。不施氮、磷、钾肥经济性状表现最差，缺钾处理最为明显；过量施用氮、磷、钾肥，产量、上等烟比例、均价和产值都开始降低。

3 个试验点总体表现 N2P2K2（OPT）处理最好，不施氮、磷、钾肥严重影响烤烟产量，过量施用氮、磷、钾肥对产量的影响有增有减，但都对上中等烟比例、均价和产值有明显负向影响。

3. 不同养分管理对 K326 烟叶化学成分的影响

对 3 个试验点试验样品进行化学成分检测并综合分析后得出，除空白处理外，中上部叶总糖随氮、磷、钾肥用量增减而呈递减趋势，烟碱、总磷、总钾含量却随氮、磷、钾肥用量的增加而提高；还原糖、淀粉、两糖差、石油醚提取物、糖碱比、钾氯比都是 N2P2K2（OPT）处理较适中，更趋于协调，说明该处理烟叶化学品质更好（表 56）。

表 56　不同养分管理对 K326 烟叶化学成分的影响

处理		总糖/%	还原糖/%	烟碱/%	总氮/%	氧化钾/%	淀粉/%	石油醚提取物/%	氯/%	糖碱比	钾氯比
N0P2K2	B2F	33.53	25.16	2.60	1.63	1.11	7.15	5.59	0.16	12.91	7.14
	C3F	29.17	24.91	1.85	1.74	1.97	3.69	5.22	0.18	15.78	11.00
N1P2K2	B2F	28.03	25.57	3.24	1.78	1.12	5.13	6.45	0.26	7.93	4.22
	C3F	27.38	25.33	2.36	1.78	1.68	4.87	5.55	0.24	11.61	4.21
N2P2K2（OPT）	B2F	24.54	26.23	3.45	1.85	1.25	6.27	6.47	0.40	9.13	3.79
	C3F	24.67	25.77	2.51	1.85	1.80	5.31	5.70	0.25	10.63	7.07
N3P2K2	B2F	21.58	23.12	3.92	2.25	1.23	3.43	6.13	0.42	6.52	2.96
	C3F	21.56	23.32	3.80	2.09	1.84	3.03	5.27	0.41	8.41	3.47
N2P0K2	B2F	26.46	23.12	3.59	2.26	1.12	4.65	5.87	0.31	7.71	3.59
	C3F	24.21	21.31	2.57	2.19	1.63	4.37	4.39	0.26	9.40	6.30
N2P1K2	B2F	28.52	25.14	3.59	2.03	1.16	5.02	6.25	0.26	7.95	4.42
	C3F	30.47	23.74	2.50	1.92	1.42	5.04	4.92	0.21	12.56	6.15
N2P3K2	B2F	23.03	24.65	3.80	2.07	1.07	4.97	6.90	0.52	7.37	2.06
	C3F	22.36	24.66	2.57	2.00	1.76	3.42	5.02	0.28	9.87	6.39
N2P2K0	B2F	28.52	23.34	3.65	2.17	0.95	4.44	6.16	0.45	7.82	2.12
	C3F	32.61	22.26	2.65	1.79	1.39	7.38	5.34	0.28	13.87	5.00
N2P2K1	B2F	26.97	25.14	3.52	1.99	1.23	4.93	6.47	0.25	8.72	3.15
	C3F	28.74	24.23	2.52	1.81	1.72	5.81	5.14	0.26	11.88	6.63
N2P2K3	B2F	22.96	25.13	3.42	1.76	1.29	5.84	6.04	0.23	8.48	5.08
	C3F	22.43	21.75	2.50	2.12	2.17	3.16	4.89	0.29	9.46	7.44

4.普洱烟区 K326 优质适产养分临界值施肥体系构建

结合上述试验研究及结果，得出各点最佳推荐施肥量后，通过对试验数据分析和建立模型计算后建立一套在一定目标产量下的基于土壤养分基础上的适产养分临界值施肥体系。

根据缺肥区产量和烟叶每 100kg 经济产量所需养分量计算各试验点土壤养分校正系数，结果见表 57，总体而言，土壤养分校正系数随土壤养分含量的增加而降低。

表 57　试验缺肥区产量及校正系数

试验点	土壤有效养分测定值			试验缺区处理及产量/（kg/亩）			土壤养分校正系数		
	碱解氮	速效磷	速效钾	N0P2K2	N2P0K2	N2P2K0	氮	磷	钾
和平	218.17	45.5	64.2	88.9	84.7	50.5	0.060	0.144	0.252
团田	123.60	52.5	215.0	88.3	94.1	95.8	0.105	0.139	0.143
谦六	83.07	36.1	106.6	71.7	80.9	65.2	0.127	0.173	0.196

注：烟叶 100kg 经济产量所需养分量采用行业标准，其中，氮素需求量为 3.0kg/100kg，磷素（P_2O_5）需求量为 1.12kg/100kg，钾素（K_2O）需求量为 4.8 kg/100kg。

经回归分析，可以得到土壤养分校正系数与土壤速效养分含量间的方程。

$$y_N = 0.4377 - 0.071\ln(x_N)，\quad R^2 = 0.97 \qquad 式（4）$$

$$y_P = 0.55152 - 0.096\ln(x_P)，\quad R^2 = 0.94 \qquad 式（5）$$

$$y_K = 0.6199 - 0.089\ln(x_K)，\quad R^2 = 0.98 \qquad 式（6）$$

式中，y_N、y_P、y_K 分别为土壤氮素、磷素和钾素养分有效系数；x_N、x_P、x_K 分别为土壤碱解氮、速效磷（P_2O_5）和速效钾（K_2O）的含量。在施肥体系构建、试验结果可以覆盖的新植烟区域，可以通过测定土壤速效养分的含量计算这一区域土壤养分校正系数。

通过养分校正系数结合最佳经济施肥量代入回归模型后计算（表 58），结果表明，海拔在 1 400~1 800m，普洱旱地植烟红壤中 K326 获得 150kg/亩以上优质烟叶的适产养分临界值为：N（9.519±0.497）kg/亩；P_2O_5（9.872±1.450）kg/亩；K_2O（25.460±3.208）kg/亩。在 K326 种植前可以通过测定土壤养分含量及利用适产养分临界值来计算当季最佳需肥量。

表 58　不同试验点 K326 植烟土壤最佳经济施肥量与优质适产养分临界值

试验点	因素	偏回归模型	最佳经济施肥量/（kg/亩）	试验N2P2K2处理/（kg/亩）	耕作层（0~20cm）土壤养分含量/（kg/亩）	土壤养分校正系数	适产养分临界值/（kg/亩）
和平	N	$y=-10.7987N^2+2\,523.6N+6\,441$	7.538	7.600	32.726	0.055	9.349
	P_2O_5	$y=-25.8127P^2+3\,044.2P+6\,814.5$	8.013	7.920	6.825	0.149	9.028
	K_2O	$y=-0.4801K^2+287.34K+3\,991.5$	22.968	22.000	9.630	0.249	25.371
团田	N	$y=-8.4473N^2+1\,819.1N+2\,293.5$	8.036	8.000	18.540	0.096	9.810
	P_2O_5	$y=-31.076P^2+3\,388.3P+1\,729.5$	9.343	9.600	7.875	0.135	10.406
	K_2O	$y=-1.1819K^2+637.9K+11\,071.95$	22.563	22.400	32.250	0.142	27.140
谦六	N	$y=-7.4007N^2+1\,575.4N+2\,146.5$	7.853	7.000	12.461	0.124	9.397
	P_2O_5	$y=-28.32P^2+2\,988.5P+1\,647$	9.257	8.400	5.415	0.171	10.183
	K_2O	$y=-0.8591K^2+459.92K+834.615$	20.603	19.600	15.987	0.204	23.870

注：偏回归模型中的 y 为亩净产值（产值-肥料成本），土壤养分校正系数采用式（4）、式（5）、式（6）计算，适产养分临界值=最佳经济施肥量+（耕作层土壤养分含量×土壤养分校正系数）。

三、技术效果

结合以上试验分析数据并通过建立肥料效应数学函数计算得知，在普洱烟区以红壤为代表的山地烟要获得 145~155kg/亩的最佳经济产量。通过优质适产养分临界值体系构建得出，普洱烟区海拔在 1 400~1 800m，旱地植烟土壤中 K326 获得 150kg/亩以上优质烟叶的适产养分临界值：N（9.519±0.497）kg/亩，P_2O_5（9.872±1.45）kg/亩，K_2O（25.460±3.208）kg/亩。

普洱烟区烤烟 K326 品种优质适产养分临界值施肥体系构建后，2013 年在镇沅县和平乡、澜沧县谦六乡及墨江县团田乡开展所构建的普洱烟区 K326 品种优质适产养分临界值施肥体系的示范应用。

烟叶成熟后，按不同处理进行烘烤，烘烤后按国标进行分级，测定其产量和产值。

由表 59、图 46 至图 49 的统计数据分析可知，优质适产养分临界值施肥体系处理（T1）的各项经济指标均优于传统推荐施肥方式。T1 与 T2 相比，烟叶产量、均价均有所增加，产值明显提升，在上中等烟比例上，T1 比 T2 高出 1.4~2.5 个百分点。方差分析结果表明，除烟叶均价外，烟叶的产量、产值及上中等烟比例的差异均达到显著水平。

表 59　优质适产养分临界值施肥体系与传统施肥方式烟叶产质量比较

指　标	处　理	和平点	团田点	谦六点	平均值
产量/ （kg/亩）	T1	158.2	158.4	155.7	157.4a
	T2	146.7	145.3	143.6	145.2b
均价/ （元/kg）	T1	25.5	25.5	25.5	25.5a
	T2	25.2	25.4	25.3	25.3a
产值/ （元/亩）	T1	4030.9	4045.5	3973.5	4016.7a
	T2	3698.3	3693.5	3627.3	3673.1b
上中等烟 比例/%	T1	85.7	85.2	84.8	85.2a
	T2	83.2	83.8	82.5	83.2b

注：T1 为优质适产养分临界值施肥体系，T2 为传统推荐施肥，均价及产值计算参考 2013 年烟叶收购价格。不同字母表示 P 在 0.05 水平下达到显著水平。

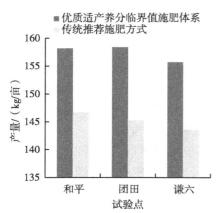

图 46　两种不同施肥方式对烟叶亩产量的影响对比（2013 年）

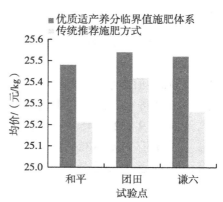

图 47　两种不同施肥方式对烟叶均价的影响对比（2013 年）

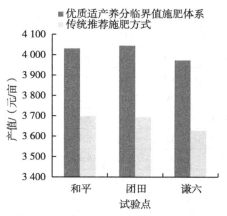

图 48　两种不同施肥方式对烟叶亩产
　　　　值的影响对比（2013 年）

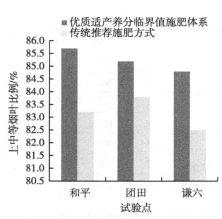

图 49　两种不同施肥方式对上中等
　　　　烟叶比例对比（2013 年）

　　烟叶质量评价结果表明（表 60 至表 62），烟叶质量得到了改善。烟叶成熟度好，颜色多为橘黄色，叶片组织结构疏松，身份厚薄适中，油润度好，B2F、C3F 外观质量综合得分与对照相比差异显著；内在化学成分协调且均在优质烟叶要求的范围内；评吸结果表明，与常规施肥烟叶相比，增加了烟叶的香气质和香气量，劲头适中，减小了刺激性和杂气，改善了烟叶吃味，方差分析表明，C3F 评吸结果与对照相比差异显著。

表 60　优质适产养分临界值施肥体系与传统施肥方式烟叶外观质量比较

试验点	处理	等级	成熟度	颜色	叶片结构	油分	身份	色度	综合得分
和平	T1	B2F	25.90	13.60	14.60	10.70	6.30	6.60	77.70
	T2	B2F	25.30	13.20	14.80	10.70	6.30	6.60	76.90
	T1	C3F	25.60	14.30	16.10	11.00	7.70	5.40	80.10
	T2	C3F	25.30	13.50	15.80	10.50	7.40	5.50	78.00
团田	T1	B2F	25.60	13.50	14.70	11.00	6.40	6.40	77.60
	T2	B2F	25.60	13.50	14.70	11.00	6.40	6.40	77.60
	T1	C3F	25.30	14.10	15.40	10.90	7.70	5.40	78.80
	T2	C3F	25.30	14.10	15.40	10.90	7.70	5.40	78.80

（续表）

试验点	处理	等级	成熟度	颜色	叶片结构	油分	身份	色度	综合得分
谦六	T1	B2F	25.70	13.40	14.30	10.10	6.10	6.20	75.80
	T2	B2F	24.60	13.40	14.00	11.00	6.00	6.20	75.20
	T1	C3F	25.50	14.30	15.80	10.80	7.20	5.20	78.80
	T2	C3F	25.00	14.70	14.50	10.20	7.30	5.40	77.10
综合方差分析	T1	B2F	25.73a	13.50b	14.53b	10.60a	6.27b	6.40a	77.03b
	T2	B2F	25.17a	13.37b	14.50b	10.90a	6.23b	6.40a	76.57c
	T1	C3F	25.47a	14.23a	15.77a	10.90a	7.53a	5.33b	79.23a
	T2	C3F	25.20a	14.10a	15.23a	10.53a	7.47a	5.43b	77.97b

注：不同字母表示 P 在 0.05 水平下达到显著水平。

表 61　优质适产养分临界值施肥体系与传统施肥方式烟叶内在化学成分比较

试验点	处理	等级	总糖/%	还原糖/%	总氮/%	烟碱/%	氧化钾/%	氯/%	糖碱比	钾氯比	氮碱比	两糖差
和平	T1	B2F	25.18	19.12	2.47	3.23	1.68	0.45	7.80	3.73	0.76	6.06
	T1	C3F	28.29	23.45	2.20	2.76	1.73	0.38	10.25	4.55	0.80	4.84
	T2	B2F	24.45	20.04	2.83	3.69	2.71	0.34	6.63	7.97	0.77	4.41
	T2	C3F	24.85	22.67	2.38	2.61	2.05	0.47	9.52	4.36	0.91	2.18
团田	T1	B2F	26.01	21.83	2.48	3.36	2.34	0.34	7.74	6.88	0.74	4.18
	T1	C3F	32.51	26.62	2.39	2.56	1.84	0.45	12.70	4.09	0.93	5.89
	T2	B2F	26.68	18.68	3.05	4.34	2.05	0.29	6.15	7.07	0.70	8.00
	T2	C3F	26.54	19.45	1.89	2.85	1.58	0.34	9.31	4.65	0.66	7.09
谦六	T1	B2F	29.91	24.32	2.09	2.25	1.99	0.44	13.29	4.52	0.93	5.59
	T1	C3F	29.35	24.81	2.12	2.45	2.17	0.46	11.98	4.72	0.87	4.54
	T2	B2F	28.60	24.04	2.47	3.28	2.12	0.29	8.72	7.31	0.75	4.56
	T2	C3F	32.18	23.39	2.21	2.65	1.82	0.47	12.14	3.87	0.83	8.79

表 62　优质适产养分临界值施肥体系与传统施肥方式烟叶感官评吸质量比较

试验点	等级	香型	香韵	香气量	香气质	浓度	刺激性	劲头	杂气	口感	合计
和平	B2F	清	8.0	13.0	12.5	7.5	12.5	4.5	7.5	15.0	80.5
	C3F	清	8.0	12.5	13.0	8.0	12.5	5.0	7.5	15.5	82.0

（续表）

试验点	等级	香型	香韵	香气量	香气质	浓度	刺激性	劲头	杂气	口感	合计
团田	B2F	清	7.5	12.5	12.0	8.0	12.0	4.0	7.5	15.5	79.0
	C3F	清	7.0	13.0	13.0	8.0	12.0	5.0	7.5	15.0	80.5
谦六	B2F	清	8.0	12.5	12.5	7.5	12.0	5.0	7.5	14.0	79.0
	C3F	清	8.0	13.0	13.0	7.0	12.0	4.5	7.5	15.0	80.0
平均值	B2F	清	7.8	12.7	12.3	7.7	12.2	4.5	7.5	14.8	79.5a
对照	B2F	清	7.5	12.5	12.5	7.5	12.0	4.5	7.5	14.5	78.5a
平均值	C3F	清	7.7	12.8	13.0	7.7	12.2	4.8	7.5	15.1	80.8a
对照	C3F	清	8.0	12.5	12.5	7.5	12.0	5.0	7.0	14.5	79.0b

注：不同字母表示 P 在 0.05 水平下达到显著水平。

第三节　普洱烟区 K326 品种的钾肥施用技术

一、技术设计

普洱烟区烤烟进入旺长期后，雨水丰富，烟株时有缺钾症状出现。考虑到钾元素易溶于水、会伴随着大田生长期间丰富的雨水而淋失，为研究钾肥施用量适当后移对烤烟产质量的影响，特在墨江县团田乡复兴村安排钾肥不同基追比试验。试验地土壤理化性状为有机质 30.70g/kg，pH 值 5.16，全氮 0.15%，全磷 0.08%，全钾 1.70%，碱解氮 123.6mg/kg，速效磷 52.5mg/kg，速效钾 215.0mg/kg。

试验设置 5 个处理，即 T1（100%基施）、T2（80%基施+20%追施）、T3（70%基施+30%追施）、T4（50%基施+50%追施）、T5（40%基施+60%追施），每个处理的施肥量分别为 N 8kg/亩、P_2O_5 9.6kg/亩、K_2O 22.4kg/亩，每个处理 3 次重复。每个小区 27m^2，45 棵烟，移栽密度为 1.2m×0.5m。小区烟叶进行挂牌烘烤并单独计产。具体各处理肥料用量见下表，其他田间管理按常规栽培技术要求进行。

具体施肥方法：60% 的氮肥、60% 磷肥作为基肥，施肥方法为穴施；第一、第二次提苗氮肥、磷肥均为 10%，于移栽后第 7 天、第 14 天施入，追施方法均为浇施；第三次提苗肥氮肥、磷肥均为 20%，于移栽 25 天后穴施。

钾肥具体施肥量见表 63。

表 63　试验各处理不同时期 K₂O 施肥量　　　　单位：kg/亩

处理	基肥	第一次提苗	第二次提苗	大压	补施
T1	22.40	0.00	0.00	0.00	0.00
T2	17.92	2.24	2.24	0.00	0.00
T3	15.68	2.24	2.24	2.24	0.00
T4	11.20	2.24	2.24	4.48	2.24
T5	8.96	2.24	2.24	4.48	4.48

注：T1 为 100%基施处理，T2 为 80%基施+20%追施处理，T3 为 70%基施+30%追施处理，T4 为 50%基施+50%追施处理，T5 为 40%基施+60%追施处理。

二、技术分析

1. 钾肥不同基追比例对 K326 烤烟农艺性状的影响

钾肥不同基追比例对农艺性状的影响见表 64。结果表明，株高表现为随基肥施用比例降低而降低；烟株茎围、最大叶、叶面积指数表现为随基肥比例降低呈先升高后降低的趋势，有效叶数、节距与钾肥不同基追比例之间无明显规律。方差分析表明，T4 的株高、茎围、节距与 T1、T2、T3 相比差异显著。

表 64　钾肥不同基追比例对农艺性状的影响

处理	株高/cm	有效叶/片	茎围/cm	最大叶（长×宽）/cm	叶面积指数	节距/cm
T1	124.6a	17.8d	8.10c	78×33	2.63b	5.44b
T2	116.2b	23.0a	8.35a	79×35	2.91b	4.74c
T3	106.6c	19.0c	7.44d	80×40	3.45a	4.86c
T4	99.8d	17.2d	8.20b	70×33	2.59b	6.02a
T5	96.0d	20.0b	7.44d	62×32	2.29c	5.94a

注：不同字母表示 P 在 0.05 水平下达到显著水平。

2. 基肥不同基追比例对 K326 产量、产值的影响

烟叶成熟后，按不同处理分小区进行烘烤，烘烤后按国标进行分级，测定其经济产量和产值，结果如表 65 所示。产值、均价和上中等烟比例最高的处理是 T4（50%基施+50%追施），达 3 772.14 元/亩、24.69 元和 82.71%；T4 与 T1、T2 及 T5 相比，产量、上中等比例、均价及产值差异显著；T1 产值、上等烟比例、均价最低。不同处理产量、上中等烟叶比例、均价、产值对比见图 50 至图 53。

表 65　不同钾养分管理对 K326 产量、产值的影响比较

处理	产量/（kg/亩）	上中等烟比例/%	均价/元	产值/（元/亩）
T1	149.76b	75.22c	20.74c	3 106.02c
T2	138.93c	76.41b	23.92b	3 323.21b
T3	148.70b	80.71ab	24.51a	3 644.64a
T4	152.78a	82.71a	24.69a	3 772.14a
T5	140.39c	78.12b	23.79b	3 339.88b

注：均价与产值计算参照 2012 年烟叶收购价。不同字母表示 P 在 0.05 水平下达到显著水平。

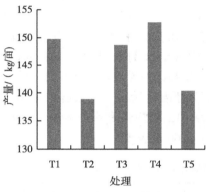

图 50　普洱烟区钾肥不同基追比处理
烟叶亩产量对比（2012 年）

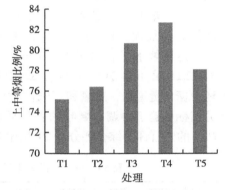

图 51　普洱烟区钾肥不同基追比处理
上中等烟叶比例（2012 年）

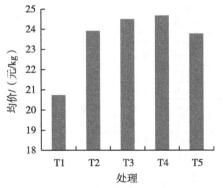

图 52　普洱烟区钾肥不同基追比处理
烟叶均价对比（2012 年）

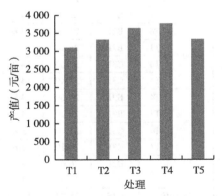

图 53　普洱烟区钾肥不同基追比处理
烟叶亩产值对比（2012 年）

三、技术效果

通过试验数据分析得知，表现最好处理为 T4（50%钾肥基施+50%钾肥追施），施肥方式为钾肥总量为 22.4kg/亩，其中 50%作为底肥一次施入，2 次提苗分别施入 10%，大压肥施 20%，进入旺长以后再追施 10%。该处理产量、产值、均价和中上等烟比例都达到最高，分别为 152.78kg/亩、3 772.14 元/亩、24.69 元/kg 和 82.71%。

在钾肥用量不变的情况下，以 50%的钾肥作为底肥一次施入，2 次提苗分别施入 10%，大压肥施 20%，进入旺长以后再追施 10%。烟株的农艺性状较好，烤后烟叶的成熟度、颜色、叶片结构、油分及色度均有改善，烟叶的外观质量达到最优。T4 与 T1 相比，C3F 差异显著，B2F 的综合得分虽有所增加，但未达显著水平。T4 产量、产值、均价和上中等烟比例分别为 152.78kg/亩、3 772.14 元/亩、24.69 元/kg、82.71%，与对照 T1 相比差异显著。烟叶的总糖和还原糖含量增加，总氮和烟碱含量有所增加但处于合理范围，其余各项化学成分指标更趋于协调；烟叶的香气质和香气量增加，刺激性和杂气减少，B2F、C3F 的感官评价综合评分与 T1 相比差异显著（表 66 至表 68）。

表 66　普洱烟区钾肥不同基追比对烟叶外观质量的影响

试验点	处理	等级	成熟度	颜色	叶片结构	油分	身份	色度	综合得分
和平	T4	B2F	26.70	14.40	14.40	10.80	6.70	6.90	79.90
	T1	B2F	25.50	13.60	14.60	11.10	6.60	6.40	77.80
	T4	C3F	27.10	14.00	16.10	11.70	7.90	5.60	82.40
	T1	C3F	25.30	14.10	15.50	10.90	7.70	5.40	78.90
团田	T4	B2F	25.80	14.60	14.20	11.30	6.80	6.60	79.30
	T1	B2F	26.10	14.20	14.60	11.00	6.20	7.10	79.20
	T4	C3F	25.00	14.20	16.10	12.70	7.80	5.70	81.50
	T1	C3F	25.40	14.60	15.80	10.50	7.40	5.80	79.50
谦六	T4	B2F	25.60	14.80	14.00	10.90	6.20	7.00	78.50
	T1	B2F	26.20	14.10	14.00	10.30	6.50	6.70	77.80
	T4	C3F	25.10	13.80	16.60	11.80	7.90	5.30	80.50
	T1	C3F	25.10	13.60	15.50	8.00	7.40	5.80	78.80
T4 均值		B2F	26.03	14.60	14.20	11.00	6.57	6.83	79.23a
T1 均值		B2F	25.93	13.97	14.40	10.80	6.43	6.73	78.27a
T4 均值		C3F	25.73	14.00	16.27	12.07	7.87	5.53	81.47c
T1 均值		C3F	25.27	14.10	15.60	10.73	7.70	5.67	79.07d

注：不同字母表示 P 在 0.05 水平下达到显著水平。

表 67　普洱烟区钾肥不同基追比对烟叶内在化学成分的影响

试验点	处理	等级	总糖/%	还原糖/%	总氮/%	烟碱/%	氧化钾/%	氯/%	糖碱比	钾氯比	氮碱比	两糖差
和平	T4	B2F	29.94	24.04	3.18	3.67	2.55	0.35	8.16	7.29	0.87	5.90
		C3F	32.57	26.21	2.18	2.60	2.27	0.32	12.53	7.09	0.84	6.36
对照	T1	B2F	24.25	19.95	2.68	3.39	2.18	0.37	7.15	5.89	0.79	4.30
		C3F	26.80	21.83	2.14	2.48	1.96	0.38	10.81	5.16	0.86	4.97
团田	T4	B2F	28.63	23.29	2.87	3.55	1.88	0.41	8.06	4.59	0.81	5.34
		C3F	29.32	24.82	2.58	2.91	2.00	0.38	10.08	5.26	0.89	4.50
对照	T1	B2F	28.84	22.12	2.51	3.99	2.48	0.41	7.23	6.05	0.63	6.72
		C3F	36.22	27.37	1.85	3.29	2.15	0.39	11.01	5.51	0.56	8.85
谦六	T4	B2F	28.25	23.53	3.05	3.81	2.21	0.48	7.41	4.60	0.80	4.72
		C3F	29.58	24.28	2.17	2.50	1.84	0.29	11.83	6.34	0.87	5.30
对照	T1	B2F	24.7	21.25	2.28	3.13	1.24	0.56	6.79	2.21	0.73	3.45
		C3F	25.9	19.19	2.29	2.88	2.19	0.38	6.66	5.76	0.80	6.71

表 68　普洱烟区钾肥不同基追比对烟叶感官评吸质量的影响

试验点	处理	等级	香型	香韵	香气量	香气质	浓度	刺激性	劲头	杂气	口感	合计
和平	T4	B2F	清	7.5	12.0	12.5	8.0	13.0	4.5	7.5	15.5	80.5
		C3F	清	8.0	12.5	12.5	8.0	12.5	5.0	7.5	16.0	82.0
团田	T4	B2F	清	8.0	11.5	12.5	8.0	12.5	5.0	7.0	15.0	79.5
		C3F	清	8.0	12.0	13.0	8.0	13.0	4.5	7.5	15.5	81.5
谦六	T4	B2F	清	8.0	11.5	11.5	8.0	12.5	5.0	7.0	15.0	78.5
		C3F	清	8.0	12.5	13.0	8.0	12.0	5.0	7.0	15.0	80.5
T4 均值		B2F	清	7.8	11.7	12.2	8.0	12.7	4.8	7.2	15.2	79.5a
T1 对照		B2F	清	7.0	12.0	12.5	7.5	12.5	4.0	7.5	14.5	77.5b
T4 均值		C3F	清	8.0	12.3	12.8	8.0	12.5	4.8	7.3	15.5	81.3c
T1 对照		C3F	清	7.5	12.0	12.0	7.5	12.5	4.5	7.5	14.5	78.0d

注：不同字母表示 P 在 0.05 水平下达到显著水平。

第四节　普洱烟区 K326 优质烟叶生产养分资源综合调控与管理运筹技术

在普洱烟区 K326 品种优质适产养分临界值施肥体系的基础上，结合有机肥配施及钾肥施用方法的调整，构建了"精、调、改、替""四位一体"的优质烟叶生产养分资源综合调控与管理运筹模式。

"精"：即精准施肥，根据适产养分临界值和植烟土壤中有效养分供给量。海拔在 1 400~1 800m 的最适宜山地烟区，K326 获得 150kg/亩以上优质烟叶的适产养分临界值：N（9.519±0.497）kg/亩，P_2O_5（9.872±1.45）kg/亩，K_2O（25.460±3.208）kg/亩。根据"适产养分临界值=最佳经济施肥量+（耕作层土壤养分含量×土壤养分校正系数）"的公式计算出不同生态区域的最佳经济施肥量。

"调"：即调整化肥使用结构。在普洱烟区 K326 烤烟优质适产养分临界值施肥体系的基础上，根据烟叶生产中推荐施用的氮、磷、钾配比，计算出氮、磷、钾肥的最佳施用，配合微肥的施用，促进大量元素与中微量元素协同吸收，提升营养元素的综合利用率。

"改"：即改进施肥方式方法。通过大力推广测土配方，精准施肥，加强宣传培训与监督指导，提高烟农科学施肥意识和技能，改表施、撒施为机械深施、水肥一体化等方式，提高肥料利用率。

"替"：即有机肥替代化肥。在生产中施用 30% 的有机肥和 70% 的无机肥，以提高烟叶品质、提高烟叶产量，在增加烟农收入的同时提高烟叶原料的工业可用性。

所构建的普洱烟区 K326 优质烟叶生产养分资源综合调控与管理运筹模式的应用，促进了的协同吸收，提高肥料养分利用率，促进烟株的群体整齐度，改善了烟株农艺性状，提升烟叶外观、内在化学成分及感官评吸等综合质量，提高上中等烟比例、均价和亩产值，该模式在普洱烟区得到了推广应用。

第五章　普洱烟区 K326 品种烟叶烘烤工艺优化技术

第一节　普洱烟区 K326 烟叶烘烤现状

一、技术设计

根据调查得知，K326 品种虽然在田间表现很好，产量也很高，但是由于其品种特性，烘烤技术相对较难，烟叶容易烤坏且烟叶烘烤损失较大，尤其上部叶挂灰现象较为突出。

为摸清 K326 品种难烘烤的原因，进一步改进该品种烘烤技术，2011 年在普洱市镇沅县和平乡跟踪调查烤房群 2 个，烤房 10 座。红毛树烤房群，主要烘烤 K326 品种；和平组烤房群，主要烘烤云 87 品种。烤房为卧式密集烤房。针对这 10 座烤房共计做了 62 次烘烤的跟踪调查记录。

二、技术分析

通过实地调查发现，目前普洱烟区 K326 烘烤现状和存在的主要问题如下。

①烟叶采收过程中对烟叶成熟度判断不准确，把握不好，采摘烟叶过青或过熟；采后烟叶运输多用硬物装载或绳索捆绑，容易造成机械损伤；烟叶采收不避高温天气，采后烟叶常遭烈日暴晒；采烟前对采烟数量无计划，常出现多采或少采情况，致使烤房装不下或装不满，造成不必要的浪费。

②编烟过程中对鲜烟叶分类不严格，"杂花烟"现象突出；对一些无烘烤价值的病残叶、病斑叶依然编竿入炉，造成烘烤浪费。

③K326 烘烤中也存在问题，主要表现为：对烤房装烟密度把握不到位，装烟密度过大或过稀；在烘烤过程中对烟叶水分控制技术掌握不好，下部叶进入定色高温阶段后，烟叶水分含量过高，造成烤房内部高温高湿环境，致使烟叶烤黑、烤枯，烟叶烘烤损失较大；上部叶出现挂灰较多主要是由于烘烤过程中水分过多导致。

三、技术效果

通过对普洱烟区烟叶烘烤全过程的跟踪调查，全面掌握了普洱烟区的烟叶烘烤现状和存在的问题，并分析得出存在问题的原因。

第二节　普洱烟区 K326 优质适产的成熟采收技术

一、技术设计

成熟度是烟叶生产管理的核心，是影响烟叶质量特别是香气量和香气浓度的重要因素，不同成熟度烟叶内含物的积累量，对调制后的烟叶产质量有重要影响。本试验探讨不同长势、不同成熟度对 K326 初烤烟主要质量性状的影响，对不同成熟度初烤烟的经济性状、化学成分、感官质量等主要质量进行了研究与评价。

供试烤烟品种为 K326，试验布设在普洱市镇沅县和平乡丫口村，试验土壤为高原红壤土，试验在烤烟（K326）旺长期，按田间长势分别选取 3 块不同长势的烟田（即长势好、长势中等和长势差），田块土壤理化性质见表 69。

表 69　试验土壤理化性质

生长情况	全氮/%	碱解氮/(mg/kg)	全磷/%	速效磷/(mg/kg)	全钾/%	速效钾/(mg/kg)	pH 值	有机质/(g/kg)
长势差	0.28	155.14	0.37	36.00	2.79	76.50	4.92	49.31
长势中等	0.26	185.85	0.35	44.90	2.41	92.30	4.97	45.73
长势好	0.29	326.44	0.45	20.80	0.93	66.00	5.63	58.89

该试验共设 6 个处理，分别为长势差欠熟、长势差适熟、长势中等欠熟、长势中等适熟、长势好欠熟、长势好适熟。试验区大田施肥量与施肥方式相同，亩施纯 N 8kg、P_2O_5 9.6kg、K_2O 22.4kg。

试验按不同鲜烟叶外观特征将成熟度划分为欠熟和适熟（表 70），在达到相应外部成熟特征时即采摘烘烤。并于烟叶烘烤结束后由定级员定级测产，并取样品进行化学分析。

表 70 各部位鲜烟叶不同成熟度外观特征

部位	欠熟叶外观特征	适熟叶外观特征
下部叶	叶色以绿色为主，未显现落黄特征，主脉绿色，茸毛未开始脱落，叶尖未下垂	叶色由绿色转为绿黄色，叶面落黄五至六成，主脉发白，茸毛部分脱落，叶尖稍下垂
中部叶	叶色绿黄色，叶面落黄五成左右，主脉发白，支脉绿色，叶面光滑，未见成熟斑	叶色浅黄色，叶面落黄七至八成，主脉全白发亮，支脉 1/3 变白，叶尖、叶缘下卷，叶面起皱，有少量成熟斑
上部叶	叶色浅黄色，叶面落黄六至七成，主脉全白发亮，支脉 2/3 变白，叶尖、叶缘下卷，叶面起皱，有少量成熟斑	叶色淡黄色，叶面落黄九成左右，叶面多皱褶，叶耳呈浅黄色，主脉乳白发亮，支脉 2/3 以上至全白，黄白色成熟斑明显，叶尖叶缘发白下卷

二、技术分析

1. 不同营养水平、不同成熟度对经济性状的影响

从表 71 的数据分析，可得出如下结论。

长势差适熟与长势差欠熟相比：烟叶的产量、产值、均价和上中等烟比例适熟烟叶比欠熟烟叶分别高出 9.33%、21.59%、11.22% 和 12.32 个百分点且差异显著。

长势中等适熟与长势中等欠熟相比：烟叶的产量、产值、均价和上中等烟比例适熟烟叶比欠熟烟叶分别高出 7.72%、20.87%、12.20% 和 9.65 个百分点且差异显著。

长势好适熟与长势好欠熟相比：烟叶的产量、产值、均价和上中等烟比例适熟烟叶比欠熟烟叶分别高出 9.36%、21.58%、11.17% 和 9.21 个百分点且差异显著。

表 71 各处理对经济性状的影响

处理	亩产量/ (kg/亩)	亩产量增幅/%	亩产值/ (元/亩)	亩产值增幅/%	均价/ (元/kg)	均价增幅/%	上中等烟比例/%	上中等烟比例增幅/%
长势差欠熟	126.70b	—	1 965.12b	—	15.51b	—	63.24b	—

（续表）

处理	亩产量/ （kg/亩）	亩产量 增幅/%	亩产值/ （元/亩）	亩产值 增幅/%	均价/ （元/kg）	均价/ 增幅/%	上中等烟 比例/%	上中等烟 比例增幅/%
长势差适熟	138.52a	9.33	2 389.47a	21.59	17.25a	11.22	75.56a	12.32
长势中等欠熟	156.85b	—	2 647.63b	—	16.88b	—	72.83b	—
长势中等适熟	168.96a	7.72	3 200.10a	20.87	18.94a	12.20	82.48a	9.65
长势好欠熟	191.48b	—	3 498.34b	—	18.27b	—	74.44b	—
长势好适熟	209.41a	9.36	4 253.12a	21.58	20.31a	11.17	83.65a	9.21

注：均价与产值计算参照 2011 年烟叶收购价。不同字母表示 P 在 0.05 水平下达到显著水平。

综合以上数据分析可得，烟叶在同等长势条件下，不同营养水平、不同成熟度烟叶烤后经济效益存在较大差异，但适熟处理均高于欠熟处理，长势好的处理均优于长势差的处理。在 3 种营养水平条件下 2 种不同成熟度的处理中，以长势好适熟烟叶的表现最佳，其产量、产值、均价和上中等烟比例分别为 209.41kg/亩、4 253.12 元/亩、20.31 元/kg 和 83.65%。因此，在烟叶生产中，应落实好生产技术措施保证烟叶长势良好，并充分养好烟叶田间成熟度，以获得最大经济效益。不同营养水平、不同成熟度对烟叶经济性状影响对比见图 54 至图 57。

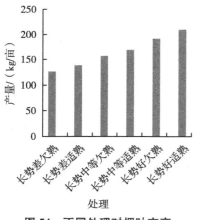

图 54　不同处理对烟叶亩产量对比（2011 年）

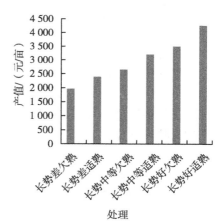

图 55　不同处理对烟叶亩产值对比（2011 年）

2. 不同营养水平、不同成熟度对烟叶外观及化学品质的影响

对 C3F 和 B2F 两个等级的烟叶进行综合质量评价（表 72 至表 74），结果

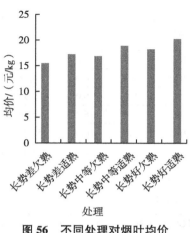

图 56 不同处理对烟叶均价
对比（2011 年）

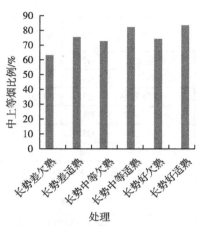

图 57 不同处理对烟叶上中等
烟叶比例对比（2011 年）

表明，不同营养水平、不同成熟度烟叶烤后质量存在较大差异，但均表现出了适熟处理高于欠熟处理，长势好的处理优于长势差的处理的规律。外观质量综合评分方差分析表明，长势差、长势中等及长势好的适熟烟叶得分与对照相比差异显著（表72）；适熟烟叶烤后成熟度好，油润感好，色度好，烟叶身份厚薄适中，化学成分协调，评吸表明适熟烟叶刺激性小，杂气较轻，劲头适中，吃味好。欠熟烟叶烤后成熟度差，烟叶干燥无油润感，色度差，青杂较多，烟叶身份稍厚，化学成分不协调，评吸表明适熟烟叶刺激性稍大，青杂气稍多，回味稍滞涩。长势差的烟叶香气底蕴不够厚实，香气量和浓度中等。感官质量综合评分方差分析表明，长势好的适熟烟叶得分与对照相比差异显著（表74）。

表 72　不同处理对烟叶外观质量的影响

处理	等级	成熟度	颜色	叶片结构	油分	身份	色度	综合得分
长势差欠熟	B2F	12.0	9.5	12.0	10.5	7.0	7.0	57.5b
长势差适熟	B2F	24.0	12.0	16.0	12.0	7.0	7.0	78.0a
长势中等欠熟	B2F	12.0	9.5	14.0	10.5	7.0	7.0	59.5b
长势中等适熟	B2F	24.0	12.0	14.0	12.0	7.0	8.0	77.0a
长势好欠熟	B2F	12.0	9.5	12.0	10.5	7.0	7.0	57.5b
长势好适熟	B2F	27.0	12.0	14.0	12.0	7.0	8.0	80.0a

（续表）

处理	等级	成熟度	颜色	叶片结构	油分	身份	色度	综合得分
长势差欠熟	C3F	12.0	12.0	12.0	10.5	7.0	6.0	59.5b
长势差适熟	C3F	24.0	12.0	16.0	10.5	7.0	6.0	75.5a
长势中等欠熟	C3F	12.0	9.5	14.0	10.5	8.0	6.0	59.5b
长势中等适熟	C3F	24.0	12.0	16.0	10.5	8.0	6.0	76.5a
长势好欠熟	C3F	12.0	9.5	12.0	10.5	7.0	6.0	56.5b
长势好适熟	C3F	24.0	12.0	18.0	10.5	8.0	6.0	78.5a

注：不同字母表示 P 在 0.05 水平下达到显著水平。

表 73 不同处理对烟叶内在化学成分的影响

处理	等级	总糖/%	还原糖/%	总氮/%	烟碱/%	氧化钾/%	氯/%	糖碱比	钾氯比	氮碱比	两糖差
长势差欠熟	B2F	34.90	26.89	1.64	2.66	1.21	0.42	13.12	2.88	0.62	8.01
	C3F	34.68	26.99	1.80	2.39	1.48	0.44	14.51	3.36	0.75	7.69
长势差适熟	B2F	36.04	30.54	1.69	2.91	1.14	0.35	12.38	3.26	0.58	5.50
	C3F	35.60	30.63	1.69	2.71	1.31	0.54	13.14	2.43	0.62	4.97
长势中等欠熟	B2F	31.38	25.78	1.97	3.10	1.92	0.45	10.12	4.27	0.64	5.60
	C3F	29.99	24.91	2.18	2.41	2.40	0.36	12.44	6.67	0.90	5.08
长势中等适熟	B2F	32.58	28.12	2.03	3.48	1.76	0.34	9.36	5.18	0.58	4.46
	C3F	31.05	28.68	1.84	2.44	2.24	0.34	12.73	6.59	0.75	2.37
长势好欠熟	B2F	28.76	21.92	2.03	3.65	1.13	0.49	7.88	2.31	0.56	6.84
	C3F	28.52	22.90	2.31	3.01	1.46	0.46	9.48	3.17	0.77	5.62
长势好欠熟	B2F	32.40	26.97	2.30	3.82	1.02	0.38	8.48	2.68	0.60	5.43
	C3F	30.61	26.52	2.36	3.25	1.29	0.51	9.42	2.53	0.73	4.09

表 74 不同处理对烟叶感官评吸质量的影响

处理	等级	香型	香韵	香气量	香气质	浓度	刺激性	劲头	杂气	口感	合计
长势好欠熟	B2F	清	5.0	10.0	10.0	6.0	10.0	4.0	6.0	12.0	63.0b
长势好适熟	B2F	清	7.5	13.0	12.0	8.0	12.0	5.0	7.0	15.0	79.5a
长势好欠熟	C3F	清	5.5	11.0	10.0	6.0	10.0	4.0	6.5	12.0	65.0b
长势好适熟	C3F	清	7.0	13.0	12.5	8.0	12.5	5.0	8.0	16.0	82.0a

注：不同字母表示 P 在 0.05 水平下达到显著水平。

三、技术效果

通过试验明确，无论在何种肥力条件下，烟叶成熟度是直接影响初烤烟叶质量的重要关键因素，成熟度越好，质量越高，适熟烟叶均价、产值和中上等烟比例明显高于欠熟烟叶，烟叶品质方面，适熟烟叶表现最佳，说明适时的成熟采收对烟叶产质量的提升至关重要。

第三节　普洱烟区 K326 烘烤工艺优化技术

一、技术设计

通过调查发现，在普洱高温高湿的独特自然气候条件下，传统的烘烤方式仅适用 K326 中部叶的烘烤，对下部叶和上部叶的烘烤都不是很准确，烤后烟叶质量差、损失大。尤其上部叶，传统烘烤方式烘烤后挂灰烟过多，可占到全炉烟叶 30% 以上。因此，有必要针对 K326 的烘烤特性进一步改进烘烤方式。

通过引进烟叶烘烤实验柜先对 K326 的烘烤进行试验性烘烤研究，当得出一套烘烤方法后再将该方法移植到卧式烤房中进行烘烤，并跟传统烘烤方式做对比。由于 K326 中部叶烘烤问题不是很突出，所以主要对 K326 下部叶和上部叶进行研究。

二、技术分析

1. 普洱烟区 K326 下部烟叶烘烤工艺技术优化

普洱属于多雨地区，K326 下部烟叶成熟期刚好是普洱降水最集中的时期。调查发现，滇中地区下部鲜烟叶含水率在 83%~85%，而普洱 K326 下部鲜烟叶含水率超过 88% 接近 90%。在如此高的含水率前提下，烟叶在传统烘烤方式下变黄阶段过程结束后失水率不够，一旦进入定色阶段，就会使全炉烟叶处在一个高温高湿的环境下，加速烟叶过度变黄导致棕色化反应，这就是普洱下部叶烘烤大量出现枯片、糟片的主要原因。

针对此问题并通过试验研究，绘制出适合于普洱地区 K326 下部叶烘烤曲线图（图58）。和传统烘烤方式（图59）相比，该方式的主要改变在变黄阶段，即延长变黄前期时间和提高变黄后期温度。

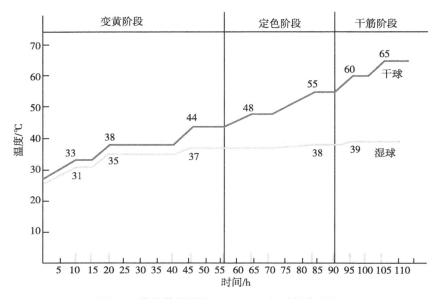

图 58　优化的普洱烟区 K326 下部叶烘烤曲线

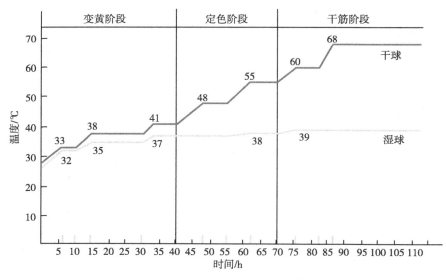

图 59　传统的普洱烟区 K326 下部叶烘烤曲线

其技术要点是：延长 38℃变黄前期时间，主要作用在于不仅使烟叶充分变黄，也在于使烟叶在该阶段多排除一些水分，减少变黄后期的排湿压力；在传统烘烤方式下，用 41℃作为变黄后期温度，但由于 K326 叶柄较粗，这个温度不足以使主筋变黄，往往拖到定色期才开始有变黄反应，此时水分又显得不够，经常是主筋还没有全黄就进入干筋期，导致青筋烟的出现。而若采用推荐烘烤下改为 44℃作为变黄后期温度，不仅能加速主筋变黄，还能将大量不再需要的烟叶水分排出，使烟叶进入定色后期升温不会因为含水率过高、湿度过大而导致烟叶变黑。

根据所优化的普洱烟区 K326 下部烟叶烘烤工艺，结合烟叶成熟采收标准和相关技术操作，绘制了普洱烟区 K326 下部烟叶烘烤工艺曲线图，并编写了烘烤工艺技术规程，见本书附录。

2.普洱烟区 K326 上部烟叶烘烤工艺技术优化

结合 K326 上部叶叶片偏厚、烟叶内部结合水不易排出的特性和烘烤后叶片易挂灰的特点，经过试验制定了 K326 上部叶烘烤曲线（图 60），在传统方式烘烤下（图 61），问题主要表现在，变黄前期自由水分丧失过多，到了变黄后期，参与促黄作用的水分就显得相对较少，使烟叶变黄较慢，虽然此时烟叶本身还含有大量水分，但大部分是以结合形态存在的结合水，较不容易脱离烟

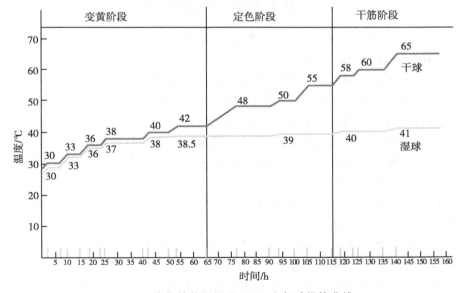

图 60 优化的普洱烟区 K326 上部叶烘烤曲线

叶体存在于空气中参与烟叶变黄。大量没有脱离的结合水，一旦进入定色阶段温度升高后，就会导致烟叶挂灰（烟叶体温度升高，里面水分温度也随之升高，致使烟叶细胞膨胀破裂）。

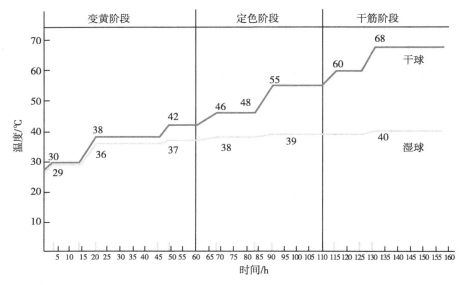

图 61　传统的普洱烟区 K326 上部叶烘烤曲线

综合上述原因，改进后的烘烤方式下将变黄前期（干球温度 38℃ 以前）的时间延长了 5h，并提高湿球温度，这样有利于保证足够的水分含量参与变黄，并在升至 38℃ 过程中采用逐阶段稳温方式，有利于保持温度的稳定性，也方便根据烟叶变化做出调整；在变黄期增加了 40℃ 这个稳温阶段，稳温时间 8h，主要是保证叶片充分变黄（上部叶叶片过厚，易出现皮黄肉不黄现象），同时在这个阶段还可适当排除一部分结合水，避免到后期升温结合水含量过高导致烟叶挂灰；在定色阶段增加一个 50℃ 的节点，稳温时间 6h，方便观察烟叶变化情况来决定是否升温（因为下个升温阶段很关键，大部分挂灰都出现于该阶段）；在干筋阶段采用从 58℃ 到 60℃ 再到 65℃ 的慢升温方式，主要原因是普洱地区湿度过大，且烟农大部分习惯用柴火烘烤，一旦加火不及时，温度就会很快下降，烟叶吸收空气中的水分变成潮红烟，虽然升温过程慢，但水分可有效、匀速地排出，到了高温阶段，烟叶主筋也基本达到全干。

根据优化的普洱烟区 K326 上部烟叶烘烤工艺，结合烟叶成熟采收标准和相关技术操作，绘制了普洱烟区 K326 上部烟叶烘烤工艺曲线图，并编写了烘烤工艺技术规程，见本书附录。

三、技术效果

1. 普洱烟区 K326 下部烘烤工艺优化技术应用

通过选取部位相同且无差异的 K326 下部鲜烟叶在两座卧式烤房中用两种烘烤方法分别多次烘烤并统计相关数据对比后得知，采用优化的烘烤方式烘烤后，枯糟烟比例比传统烘烤方式降低 6.1 个百分点，无价值青筋烟比例降低 5.7 百分点，烟叶烘烤损失减低 11.8 百分点，且各指标间差异显著（表 75、图 62、图 63）。

表 75　不同烘烤方式对 K326 下部烟叶烘烤质量的影响比较　　　单位:%

处理	枯糟烟比例/%	枯糟烟比例降低百分点数	无价值青筋烟比例/%	无价值青筋烟比例降低百分点数	烟叶损失总比例/%	烟叶损失总比例降低百分点数
传统烘烤方式	15.3a	—	11.5a	—	26.8a	—
优化烘烤方式	9.2b	6.1	5.8b	5.7	15.0b	11.8

注：不同字母表示 P 在 0.05 水平下达到显著水平。

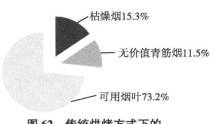

图 62　传统烘烤方式下的
下部烟叶烘烤损失情况

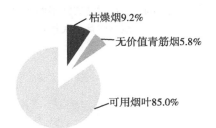

图 63　优化烘烤方式下的
下部烟叶烘烤损失情况

2. 优化的普洱烟区 K326 上部烘烤工艺优化技术应用

在卧式烤房中采用优化的烘烤工艺技术烘烤 K326 上部叶，与传统烘烤方式烘烤相比较，结果表明：传统方式烘烤后的挂灰烟叶占全炉烟叶的 24.8%，无使用价值烟叶（含枯糟和无价值青筋烟叶）占 12.5%，烟叶烘烤损失高达 37.3%；优化烘烤工艺后，挂灰烟叶比例为 10.6%，无价值烟叶占 6.3%，烟叶烘烤损失达 16.9%；比传统烘烤工艺分别降低了 14.2 个、6.2 个、20.4 个百分点，且各指标间差异显著（表 76、图 64、图 65）。说明该方式能够显著减少普洱烟区 K326 上部叶挂灰烟及烟叶烘烤损失。但改进后 16.9% 的挂灰烟比例还是显得较高，如结合科学合理的采烟、编烟、装烟等技术，还能进一步减少挂灰烟比例。

表 76　不同烘烤方式对 K326 上部烟叶烘烤质量的影响比较

处理	挂灰烟叶比例/%	挂灰烟叶比例降低百分点数	无价值烟叶比例/%	无价值烟叶比例降低百分点数	烟叶损失总比例/%	烟叶损失总比例降低百分点数
传统烘烤方式	24.8a	—	12.5a	—	37.3a	—
优化烘烤方式	10.6b	14.2	6.3b	6.2	16.9b	20.4

注：无价值烟叶含枯糟烟、青筋烟。不同字母表示 P 在 0.05 水平下达到显著水平。

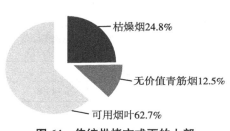

图 64　传统烘烤方式下的上部烟叶烘烤损失情况

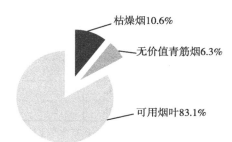

图 65　优化烘烤方式下的上部烟叶烘烤损失情况

第六章 红塔烟叶基地 K326 优质烟叶生产优化技术应用

第一节 K326 优质烟叶生产综合配套技术的应用

一、K326 优质烟叶生产综合配套技术在玉溪烟区的应用

1. 2014 年应用情况

2014 年，分别在易门县龙泉镇和六街镇进行示范应用，其中易门县龙泉镇示范区代表以高原红壤为植烟土壤的地烟（示范面积 6 480 亩），六街镇示范区代表以水稻土为植烟土壤的田烟（示范面积 8 600 亩）。将 K326 优质烟叶田间生产技术、K326 优质烟叶烘烤技术和不同装烟方式技术进行组装整合并开展示范应用。

示范过程中，在两个示范区分别进行 K326 大田生产管理技术培训工作和 K326 优质烟叶烘烤技术培训工作共 6 次，共计培训 460 人次，使研究成果和技术得以更广泛地推广。

从农艺性状对比情况来看（表 77），无论田烟还是地烟，示范区田间农艺性状表现都要好于对照区，示范区田间经济生物产量和质量跟对照区相比均具有一定优势。

表 77　玉溪示范区 K326 品种烟株田间农艺性状对比（2014 年）

类型	株高/cm	茎围/cm	有效叶/片	叶面积系数
田烟示范	117.4a	2.88a	23.1a	4.22a
田烟对照	113.1a	2.74a	21.8b	4.06b

（续表）

类型	株高/cm	茎围/cm	有效叶/片	叶面积系数
地烟示范	114.7a	2.61a	21.6a	4.11a
地烟对照	112.4a	2.44b	19.5b	3.96b

注：不同字母表示 *P* 在 0.05 水平下达到显著水平。

配套科学烘烤技术，烟叶烘烤后分别测定烤后烟叶经济性状指标，如表 78、图 66 至图 69 所示。

表 78　玉溪示范区 K326 品种烟叶经济性状对比（2014 年）

项目	产量/ （kg/亩）	上中等烟比例/ （%）	均价/ （元/kg）	产值/ （元/亩）
田烟示范	183.5a	86.4a	27.38a	5 024.23a
田烟对照	167.8b	80.2b	26.63b	4 468.51b
田烟示范增长量	15.7	6.2	0.75	555.72
地烟示范	152.2a	83.6a	26.33a	4 007.43a
地烟对照	138.7b	78.3b	25.87b	3 588.17b
地烟示范增长量	13.5	5.3	0.46	419.26

注：不同字母表示 *P* 在 0.05 水平下达到显著水平。

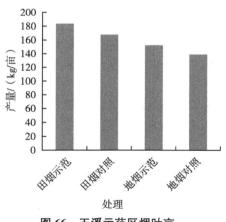

图 66　玉溪示范区烟叶亩
产量对比（2014 年）

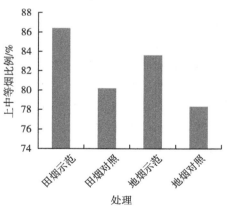

图 67　玉溪示范区上中等烟叶
比例对比（2014 年）

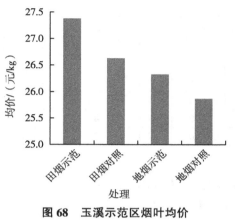

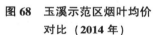

图 68　玉溪示范区烟叶均价
对比（2014 年）

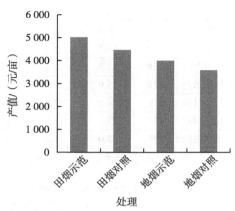

图 69　玉溪示范区烟叶亩产值
对比（2014 年）

　　配套烘烤技术后，示范区与对照相比，烤后烟叶经济效益得到明显提高，其中田烟比对照平均亩产增产 15.7kg、上中等烟比例提高 6.2 个百分点、均价每千克增加 0.75 元、亩产值增加 555.72 元，各指标间与对照相比差异显著。扣除烟叶价格上浮 10% 后，每亩产值增加 505.20 元；地烟比对照相比平均每亩增产 13.5kg、上等烟比例提高 5.3 个百分点、均价每千克增加 0.46 元、亩产值增加 419.26 元，各指标间与对照相比差异显著。扣除烟叶价格上浮 10% 后，每亩产值增加 381.15 元。烟农合计新增收入 681.46 万元。

　　烟叶质量综合评价结果表明：玉溪示范区的烤后烟叶的叶片结构、油分及色度均有改善，烟叶的外观质量好，综合评分的方差分析表明，田烟和地烟的 B2F、C3F 的综合评分与对照相比均达到了差异显著水平；各项化学成分指标趋于协调，评吸表明烟叶清香型风格特色彰显，协调性好，香韵纯正，烟气柔润，烟香丰富，香气量较足，香气质细腻，烟气浓度高，刺激性轻，劲头适中，杂气轻，口腔较干净；感官评价的综合得分方差分析表明，田烟和地烟的 B2F、C3F 的综合评分与对照相比均达到了差异显著水平（表 79 至表 81）。

表 79　K326 优质烟叶生产综合配套技术应用对烟叶外观
质量的影响对比（2014 年，玉溪）

类型	等级	成熟度	颜色	叶片结构	油分	身份	色度	综合得分
田烟示范	B2F	26.0	12.5	15.5	11.5	8.0	8.0	81.5a
田烟对照	B2F	25.0	12.0	15.0	11.0	8.0	7.5	78.5b

（续表）

类型	等级	成熟度	颜色	叶片结构	油分	身份	色度	综合得分
田烟示范	C3F	26.5	13.0	16.0	11.5	8.0	8.5	83.5a
田烟对照	C3F	25.5	12.5	15.5	11.0	8.0	8.0	80.5b
地烟示范	B2F	25.0	12.5	15.5	11.5	8.0	7.5	80.0a
地烟对照	B2F	24.0	12.0	15.0	11.0	7.5	7.0	76.5b
地烟示范	C3F	25.5	13.0	15.5	11.5	7.5	8.0	81.0a
地烟对照	C3F	25.0	12.5	15.0	11.0	7.0	7.5	78.0b

注：不同字母表示 P 在 0.05 水平下达到显著水平。

表 80　K326 优质烟叶生产综合配套技术应用对烟叶内在化学成分的影响对比（2014 年，玉溪）

类型	等级	总糖/%	还原糖/%	总氮/%	烟碱/%	氧化钾/%	氯/%	糖碱比	钾氯比	氮碱比	两糖差
田烟示范	B2F	28.36	21.11	2.35	2.61	2.55	0.16	10.87	15.94	0.90	7.25
	C3F	29.57	21.69	1.98	2.82	2.07	0.39	10.49	5.31	0.70	7.88
田烟对照	B2F	32.04	24.54	2.14	2.80	2.06	0.97	11.44	2.12	0.76	7.50
	C3F	29.72	21.68	2.06	2.63	2.15	0.10	11.30	21.50	0.78	8.04
地烟示范	B2F	27.25	21.48	2.55	3.29	2.45	0.33	8.28	7.42	0.78	5.77
	C3F	31.38	23.33	2.01	2.74	2.52	0.20	11.45	12.60	0.73	8.05
地烟对照	B2F	32.70	23.34	1.79	2.42	2.18	0.28	13.51	7.79	0.74	9.36
	C3F	29.72	21.68	2.06	2.63	2.15	0.10	11.30	21.50	0.78	8.04

表 81　K326 优质烟叶生产综合配套技术应用对烟叶感官评吸质量的影响对比（2014 年，玉溪）

类型	等级	香型	香韵	香气量	香气质	浓度	刺激性	劲头	杂气	口感	合计
田烟示范	B2F	清	8.0	13.0	13.0	8.0	13.0	5.0	7.5	15.0	82.5a
田烟对照	B2F	清	8.0	12.5	12.5	8.0	12.5	5.0	7.5	15.0	81.0b
地烟示范	B2F	清	8.0	13.0	13.0	8.0	13.0	4.5	7.5	15.5	82.5a
地烟对照	B2F	清	8.0	12.5	12.5	8.0	12.5	4.5	7.5	13.5	79.0b
田烟示范	C3F	清	8.0	12.5	12.5	8.0	12.5	5.0	7.5	16.0	82.0a
田烟对照	C3F	清	8.0	12.0	12.0	8.0	12.0	5.0	7.0	15.0	79.0b
地烟示范	C3F	清	8.0	12.5	12.5	8.0	12.5	5.0	7.5	15.5	81.5a
地烟对照	C3F	清	8.0	12.0	12.5	7.5	12.0	5.0	7.0	13.5	77.5b

注：不同字母表示 P 在 0.05 水平下达到显著水平。

2. 2015 年应用情况

2015 年，又针对研究成果在易门、峨山进行了扩大示范及再次验证，推广示范面积达 88 650 亩，其中田烟 44 550 亩、地烟 44 100 亩。结果表明：示范区的烟株农艺性状、烟叶产质量与 2014 年基本保持一致。说明项目研究成果的应用效果良好，稳定性好，具有较广泛的推广应用前景。

示范过程中，在示范区分别进行 K326 大田生产管理技术培训工作和 K326 优质烟叶烘烤技术培训工作共 5 次，共计培训 540 人次。

烟叶烘烤后分别测定烤后烟叶经济性状指标见表 82、图 70 至图 73。

表 82　玉溪示范区 K326 品种烟叶经济性状对比（2015 年）

类型	示范区	产量/ (kg/亩)	上中等烟 比例/%	均价/ (元/kg)	产值/ (元/亩)
田烟	韩所	187.7	87.3	30.61	5 745.5
	蔡营	186.5	85.2	30.35	5 660.3
	大营	185.3	86.4	29.84	5 529.4
	白邑	187.8	85.6	30.55	5 737.3
	小街	189.4	86.4	30.46	5 769.1
地烟	蔡营	152.1	85.3	29.42	4 474.8
	花冲	155.6	84.4	29.56	4 599.5
统计分析					
项目		产量/ (kg/亩)	上中等烟 比例/%	均价/ (元/kg)	产值/ (元/亩)
田烟示范区均值		187.3a	86.2a	30.4a	5 688.3a
田烟对照		174.2b	80.8b	29.4a	5 124.9b
田烟示范区增长量		13.1	5.4	0.9	563.4
地烟示范区均值		153.9a	84.9a	29.5a	4 537.1a
地烟对照		143.2b	79.3b	28.8a	4 127.0b
地烟示范区增长量		10.7	5.6	0.7	410.1

注：不同字母表示 P 在 0.05 水平下达到显著水平。

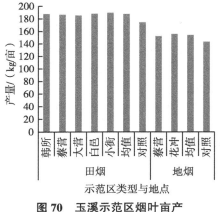

图 70　玉溪示范区烟叶亩产
量对比（2015 年）

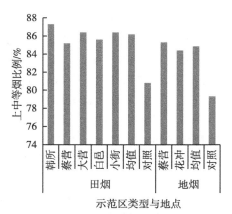

图 71　玉溪示范区上中等烟
比例对比（2015 年）

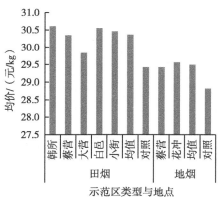

图 72　玉溪示范区烟叶均价
对比（2015 年）

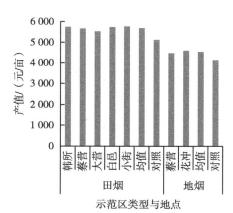

图 73　玉溪示范区烟叶亩产
值对比（2015 年）

　　示范区与对照相比，经济效益得到明显提高，其中田烟比对照平均亩产增产 13.1kg、上中等烟比例提高 5.4 个百分点、均价每千克增加 0.9 元、亩产值增加 563.4 元。除均价外，亩产量、上中等烟比例及亩产值的提高与对照相比均达到了显著水平。扣除烟叶价格上浮 10% 后，每亩产值增加 512.1 元；地烟比对照平均亩产增产 10.7kg、上中等烟比例提高 5.6 个百分点、均价每千克增加 0.7 元、亩产值增加 410.1 元。除均价外，亩产量、上中等烟比例及亩产值的提高与对照相比均达到了显著水平。扣除烟叶价格上浮 10% 后，每亩产值增加 372.9 元。烟农新增收入 3 925.9 万元。

　　烟叶质量综合评价表明：玉溪示范区的烤后烟叶的叶片结构、油分及色度均有改善，烟叶的外观质量好，地烟的 B2F、C3F 的外观质量综合得分与对照相比差异显著；各项化学成分指标趋于协调；评吸表明烟叶清香突出烟香丰富，烟香透发，香气量足，香气质细腻，烟气浓度较高，刺激性轻，劲头适中偏大，杂气轻，口腔干净，烟气湿润，回味干净舒适（表 83 至表 85）。地烟 B2F、C3F 和田烟 B2F 的感官评吸质量综合得分与对照相比差异显著。

表 83　K326 优质烟叶生产综合配套技术应用
对烟叶外观质量的影响对比（2015 年，玉溪）

类型	等级	成熟度	颜色	叶片结构	油分	身份	色度	综合得分
田烟示范	B2F	25.6	13.2	16.1	11.2	8.3	8.7	83.1a
田烟对照	B2F	25.7	12.0	16.4	11.5	8.1	8.8	82.5a
地烟示范	B2F	25.8	13.5	15.5	11.4	8.0	8.3	82.5a
地烟对照	B2F	24.9	12.4	15.7	11.8	8.0	7.4	80.2b
田烟示范	C3F	25.8	12.1	16.4	10.4	8.0	8.7	81.4a
田烟对照	C3F	25.5	11.5	16.4	11.5	8.1	8.4	81.5a
地烟示范	C3F	25.6	12.2	15.5	11.1	8.0	8.5	81.5a
地烟对照	C3F	23.6	12.4	15.5	11.3	8.0	7.8	78.6b

注：不同字母表示 P 在 0.05 水平下达到显著水平。

表 84　K326 优质烟叶生产综合配套技术应用对烟叶
内在化学成分的影响对比（2015 年，玉溪）

类型	等级	总糖/%	还原糖/%	总氮/%	烟碱/%	氧化钾/%	氯/%	糖碱比	钾氯比	氮碱比	两糖差
田烟示范	B2F	27.45	23.74	2.38	3.35	2.28	0.43	8.19	5.30	0.71	3.71
	C3F	28.92	23.89	2.21	2.67	2.65	0.52	10.83	5.10	0.83	5.03
田烟对照	B2F	26.87	22.75	2.12	3.44	2.41	0.38	7.81	6.34	0.62	4.12
	C3F	27.26	23.24	2.20	2.58	2.72	0.41	10.57	6.63	0.85	4.02
地烟示范	B2F	32.62	26.33	1.82	3.33	2.02	0.47	9.80	4.30	0.55	6.29
	C3F	27.45	23.74	2.38	2.35	2.28	0.43	11.68	5.30	1.01	3.71
地烟对照	B2F	29.92	23.89	2.21	3.67	2.65	0.52	8.15	5.10	0.60	6.03
	C3F	29.33	23.29	2.25	2.36	1.9	0.51	12.43	3.73	0.95	6.04

表 85　K326 优质烟叶生产综合配套技术应用对烟叶
感官评吸质量的影响对比（2015 年，玉溪）

类型	等级	香型	香韵	香气量	香气质	浓度	刺激性	劲头	杂气	口感	合计
田烟示范	B2F	清	8.0	12.5	12.5	8.0	12.5	5.0	7.5	15.5	81.5a
田烟对照	B2F	清	8.0	12.0	12.0	7.5	12.0	5.0	7.5	15.0	79.0b
地烟示范	B2F	清	8.0	12.5	12.5	7.5	12.5	5.0	7.5	15.0	80.5a
地烟对照	B2F	清	7.5	12.0	12.0	7.0	12.0	4.5	7.5	14.0	76.5b
田烟示范	C3F	清	8.5	12.5	13.0	8.0	13.0	5.0	7.5	15.0	82.5a
田烟对照	C3F	清	8.0	12.5	12.5	8.0	12.5	5.0	7.5	15.5	81.5a
地烟示范	C3F	清	8.0	12.5	12.5	8.0	12.5	5.0	7.5	15.0	81.0a
地烟对照	C3F	清	8.0	12.5	12.5	8.0	12.5	4.5	7.5	13.5	79.0b

注：不同字母表示 P 在 0.05 水平下达到显著水平。

3. 2016 年应用情况

2016 年，项目研究成果在玉溪市的易门县、峨山县、红塔区、华宁县进行了大面积的推广应用，推广面积达 196 500 亩，其中田烟 90 600 亩，地烟 105 900 亩。

在示范推广应用中，在示范区分别进行 K326 大田生产管理技术培训工作和 K326 优质烟叶烘烤技术培训工作共 6 次，共计培训 720 人次。

数据统计分析表明：示范区与对照相比，经济效益得到明显提高，其中田烟比对照平均亩产增产 12.9kg、上中等烟比例提高 5.3 个百分点、均价每千克增加 0.7 元、亩产值增加 545.0 元，除均价外，其余指标差异显著（表 86、图 74 至图 77）。扣除烟叶价格上浮 10% 后，每亩产值增加 495.5 元。其中地烟比对照平均亩产增产 10.8kg、上中等烟比例提高 5.1 个百分点、均价每千克增加 0.4 元、亩产值增加 398.3 元，各指标间差异显著。扣除烟叶价格上浮 10% 后，每亩产值增加 362.1 元，烟农合计新增收入 8 324.4 万元。

表 86　玉溪示范区 K326 品种烟叶经济性状对比（2016 年）

类型	示范区	产量/ （kg/亩）	上中等烟 比例/%	均价/ （元/kg）	产值/ （元/亩）
田烟	易门县	192.7	85.4	32.4	6 233.9
	峨山县	196.2	86.5	32.3	6 343.2
	红塔区	195.3	87.2	32.6	6 372.6
	华宁县	191.4	87.4	33.7	6 442.5

（续表）

类型	示范区	产量/ （kg/亩）	上中等烟 比例/%	均价/ （元/kg）	产值/ （元/亩）
地烟	易门县	151.2	84.8	30.9	4 664.5
	峨山县	152.3	85.2	31.2	4 745.7
	红塔区	151.4	85.8	31.2	4 725.2
	华宁县	153.8	85.7	31.3	4 806.3
统计分析					
项 目		产量/ （kg/亩）	上中等烟 比例/%	均价/ （元/kg）	产值/ （元/亩）
田烟示范区均值		193.9a	86.6a	32.7a	6 348.0a
田烟对照		181.0b	81.3b	32.0a	5 803.0b
田烟示范区增长量		12.9	5.3	0.7	545.0
地烟示范区均值		152.2a	85.4a	31.1a	4 735.4a
地烟对照		141.4b	80.3b	30.7b	4 337.1b
地烟示范区增长量		10.8	5.1	0.4	398.3

注：不同字母表示 P 在 0.05 水平下达到显著水平。

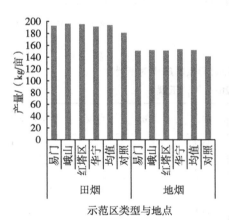

图 74 玉溪示范区烟叶亩产
量对比（2016 年）

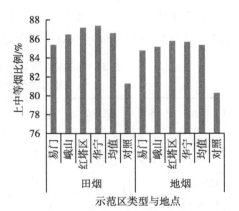

图 75 玉溪示范区上中等烟叶
比例对比（2016 年）

2016 年的烟叶质量综合评价表明；玉溪示范区的烤后烟叶的叶片结构、油分及色度均有改善，烟叶的外观质量好，B2F、C3F 的综合评分与对照相比

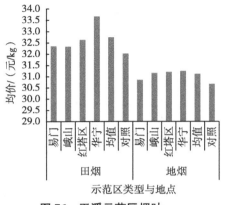

图 76　玉溪示范区烟叶
均价对比（2016 年）

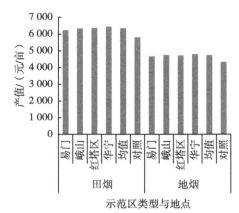

图 77　玉溪示范区烟叶
产值对比（2016 年）

差异显著；各项化学成分指标趋于协调，评吸表明烟叶的香气特征以清甜香为主，略带烤甜和焦甜香，具有典型的清香型烟叶香气风格特征，清甜香韵优雅而明快，香气丰满而纯正，底蕴厚实，香气质细腻、圆润而绵长，杂气较轻，口感较干净湿润，回味较舒适，具有很高的综合质量品质和很好的可用性（表 87 至表 89）。地烟 B2F、C3F 的综合评分与对照相比差异显著，田烟的综合得分虽有增加但差异未达显著水平。

表 87　K326 优质烟叶生产综合配套技术应用对烟叶
外观质量的影响对比（2016 年，玉溪）

类型	等级	成熟度	颜色	叶片结构	油分	身份	色度	综合得分
田烟示范	B2F	26.0	13.0	15.5	11.5	8.0	8.5	82.5a
田烟对照	B2F	25.5	11.5	15.5	10.5	8.0	8.0	79.0b
地烟示范	B2F	25.5	12.5	15.5	11.5	8.0	8.0	81.0a
地烟对照	B2F	25.0	12.0	14.5	11.0	7.5	7.5	77.5b
田烟示范	C3F	26.5	12.5	15.5	11.5	8.5	8.5	83.0a
田烟对照	C3F	25.5	11.5	15.5	10.5	8.5	8.5	80.0b
地烟示范	C3F	26.0	12.5	15.5	11.0	8.5	7.5	81.0a
地烟对照	C3F	25.0	12.0	15.0	10.5	8.0	7.5	78.0b

注：不同字母表示 P 在 0.05 水平下达到显著水平。

表88 K326 优质烟叶生产综合配套技术应用对烟叶
内在化学成分的影响对比（2016年，玉溪）

类型	等级	总糖/%	还原糖/%	总氮/%	烟碱/%	氧化钾/%	氯/%	糖碱比	钾氯比	氮碱比	两糖差
田烟示范	B2F	31.54	22.10	2.93	3.99	1.91	0.23	5.54	8.30	0.73	9.44
	C3F	31.69	24.91	1.77	2.41	1.85	0.43	10.34	4.30	0.73	6.78
田烟对照	B2F	35.52	29.18	2.85	3.66	1.60	0.08	7.97	20.00	0.78	6.34
	C3F	32.56	24.43	2.09	2.53	1.69	0.39	9.66	4.33	0.83	8.13
地烟示范	B2F	34.13	23.99	2.89	3.85	2.19	0.44	6.23	4.98	0.75	10.14
	C3F	30.99	24.63	2.03	3.03	1.66	0.31	8.13	5.35	0.67	6.36
地烟对照	B2F	31.54	22.10	2.93	3.49	1.91	0.53	6.33	3.60	0.84	9.44
	C3F	31.69	24.91	1.77	2.41	1.85	0.43	10.34	4.30	0.73	6.78

注：不同字母表示 P 在 0.05 水平下达到显著水平。

表89 K326 优质烟叶生产综合配套技术应用对烟叶
感官评吸质量的影响对比（2016年，玉溪）

类型	等级	香型	香韵	香气量	香气质	浓度	刺激性	劲头	杂气	口感	合计
田烟示范	B2F	清	8.0	13.0	12.5	8.0	13.0	5.0	7.5	14.5	81.5a
田烟对照	B2F	清	8.0	13.0	12.5	7.5	13.0	4.5	7.5	14.0	80.0a
地烟示范	B2F	清	8.0	13.0	13.0	7.5	13.0	4.5	7.5	14.0	80.5a
地烟对照	B2F	清	7.5	12.0	12.5	7.0	12.0	4.5	7.0	13.5	76.0b
田烟示范	C3F	清	8.0	13.0	13.0	8.0	13.0	5.0	7.5	15.5	83.0a
田烟对照	C3F	清	8.0	12.5	12.5	8.0	13.0	5.0	7.5	15.0	81.5a
地烟示范	C3F	清	7.5	13.0	12.5	7.5	12.5	5.0	7.5	15.5	81.0a
地烟对照	C3F	清	7.5	12.5	12.0	7.0	12.0	4.5	7.5	15.0	78.0b

注：不同字母表示 P 在 0.05 水平下达到显著水平。

二、K326 优质烟叶生产综合配套技术在普洱烟区的应用

1. 2014 年应用情况

2014 年，在普洱市澜沧县谦六乡、墨江县团田乡和镇沅县古城乡布置 K326 优质烟叶种植技术田间示范 19 170 亩。

在示范期间同时在各示范区开展技术培训工作，举办 K326 种植技术现场培训 4 次，共计培训 300 人次；举办 K326 成熟采烤技术现场培训 7 次，共计 460 人次；举办烘烤技术培训 6 次，共计 420 人次。

对示范区选择具有代表性的区域，并设置相应的对照，设点挂牌追踪调查，对技术集成示范区与传统烟叶生产方式进行对比。

通过示范区和对照相比，示范区的田间农艺性状表现都要好于对照区，结合大田生长期观察记录表发现，示范区和对照区前期生长基本一致，早期生长都较快（表90）。但在中期，示范区生长平衡，整齐度要好于对照区，且成熟期落黄较好，且分层落黄明显，采烤结束期也更提前。说明优质烟叶田间生产技术有助于烤烟中前期的生长和后期成熟。

表90　普洱示范区 K326 品种烟株田间农艺性状对比（2014 年）

处理	株高/cm	茎围/cm	有效叶/片	叶面积系数
示范	109.4a	8.7a	20.2a	3.7a
对照	107.8a	8.0a	18.8b	3.5a

注：不同字母表示 P 在 0.05 水平下达到显著水平。

示范区和对照区的烤后烟叶定级测产后经济性状对比见表91、图78至图81。

表91　普洱示范区 K326 品种烟叶经济性状对比（2014 年）

项目	产量/ （kg/亩）	上中等烟比例/ %	均价/ （元/kg）	产值/ （元/亩）
示范	159.80a	84.40a	27.17a	4 341.77a
对照	145.90b	78.30b	26.76a	3 904.28b
增长量	13.90	6.10	0.41	437.48

注：不同字母表示 P 在 0.05 水平下达到显著水平。

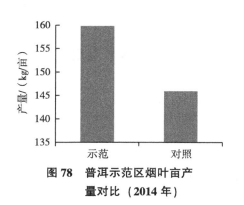

图 78　普洱示范区烟叶亩产量对比（2014 年）

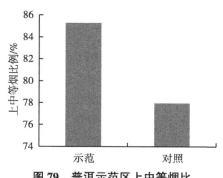

图 79　普洱示范区上中等烟比例对比（2014 年）

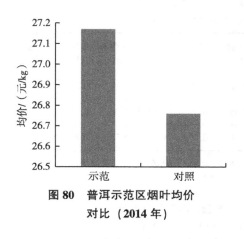

图 80 普洱示范区烟叶均价
对比（2014 年）

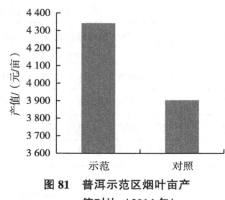

图 81 普洱示范区烟叶亩产
值对比（2014 年）

经过比较分析，在采用 K326 优质烟叶生产技术后，示范区比对照平均亩产增产 13.90kg、上中等烟比例提高 6.10 个百分点、均价每千克增加 0.41 元、亩产值增加 437.48 元，除均价外，其余各经济指标间差异显著。扣除烟叶价格上浮 10% 后，每亩产值增加 397.71 元，烟农新增收入 762.41 万元。

2014 年的烟叶质量综合评价表明：普洱示范区的烤后烟叶的叶片结构、油分及色度均有改善，烟叶的外观质量较好，各项化学成分指标趋于协调，评吸表明烟叶清甜香较明显，烤甜稍弱，整体烟气均衡，香气量中，香气质中，烟气浓度较高，刺激性轻，劲头适中，杂气轻，微有颗粒感（表 92 至表 94）。B2F 的外观质量综合评分与对照相比差异显著；B2F、C3F 的感官质量综合评分对照相比差异显著。

表 92 K326 优质烟叶生产综合配套技术应用对烟叶
外观质量的影响对比（2014 年，普洱）

处理	等级	成熟度	颜色	叶片结构	油分	身份	色度	综合得分
示范	B2F	24.5	11.5	16.0	11.5	8.0	7.7	79.2a
对照	B2F	24.0	11.0	15.7	11.0	8.0	7.0	76.7b
示范	C3F	25.0	12.0	15.7	11.8	8.2	7.4	80.1a
对照	C3F	24.5	11.5	16.8	11.5	8.0	7.5	79.8a

注：不同字母表示 P 在 0.05 水平下达到显著水平。

表 93　K326 优质烟叶生产综合配套技术应用对烟叶
内在化学成分的影响对比（2014 年，普洱）

处理	等级	总糖/%	还原糖/%	总氮/%	烟碱/%	氧化钾/%	氯/%	糖碱比	钾氯比	氮碱比	两糖差
示范	B2F	29.26	20.91	2.79	3.31	2.38	0.47	8.84	5.06	0.84	8.35
	C3F	27.98	22.63	1.92	2.72	2.45	0.31	10.29	7.90	0.71	5.35
对照	B2F	26.57	21.63	2.35	3.12	2.58	0.45	8.52	5.73	0.75	4.94
	C3F	29.36	25.42	2.11	2.93	2.56	0.56	10.02	4.57	0.72	3.94

表 94　K326 优质烟叶生产综合配套技术应用对烟叶
感官评吸质量的影响对比（2014 年，普洱）

处理	等级	香型	香韵	香气量	香气质	浓度	刺激性	劲头	杂气	口感	合计
示范	B2F	清	7.5	12.0	12.0	8.0	12.5	4.5	7.5	14.5	78.5a
对照	B2F	清	7.5	11.5	12.0	7.0	12.0	4.5	7.0	14.0	75.5b
示范	C3F	清	7.5	12.5	12.5	7.5	13.0	5.0	7.5	14.0	79.5a
对照	C3F	清	7.0	12.5	12.5	7.5	12.0	5.0	7.0	14.5	78.0b

注：不同字母表示 P 在 0.05 水平下达到显著水平。

2. 2015 年应用情况

2015 年，项目组又对研究成果在普洱烟区进行了扩大示范及再次验证，推广示范面积达 53 460 亩。示范过程中，在示范区分别进行 K326 大田生产管理技术培训工作和 K326 优质烟叶烘烤技术培训工作共 6 次，共计培训 480 人次。

2015 年示范区烟株在农艺性状方面，表现与 2014 年一致，烟株大田长势良好，营养均衡，分层落黄。在充分养好烟叶田间成熟度后，利用所优化的烟叶烘烤工艺技术对示范区烟叶进行烘烤，并和对照进行对比分析，对烤后烟叶进行定级评价及经济性状对比分析（表 95、图 82 至图 85）。

示范区与对照相比，经济效益得到明显提高，示范区比对照平均亩产增加 12.8kg、上中等烟比例提高 5.98 个百分点、均价每千克增加 0.38 元、亩产值增加 411.88 元，除均价外，其余各经济指标间差异显著。扣除烟叶价格上浮 10%后，每亩产值增加 374.44 元。烟农新增收入 2 001.76 万元。

表 95 普洱示范区 K326 品种烟叶经济性状对比（2015 年）

项目	产量/（kg/亩）	上中等烟比例/%	均价/（元/kg）	产值/（元/亩）
示范	160.6a	84.80a	27.79a	4 463.07a
对照	147.8b	78.82b	27.41a	4 051.20b
增长量	12.8	5.98	0.38	411.88

注：不同字母表示 P 在 0.05 水平下达到显著水平。

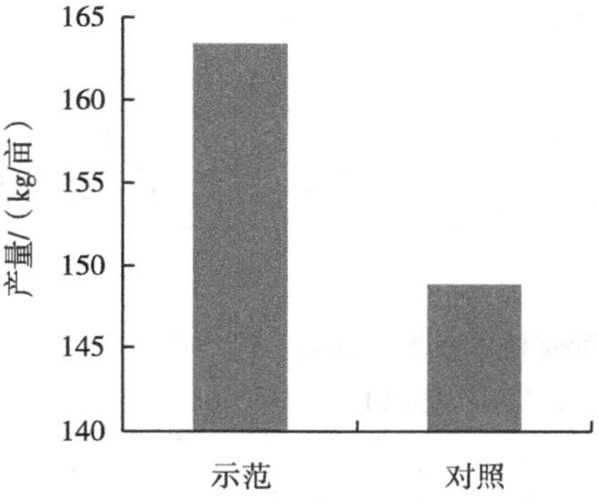

图 82 普洱示范区烟叶亩产
量对比（2015 年）

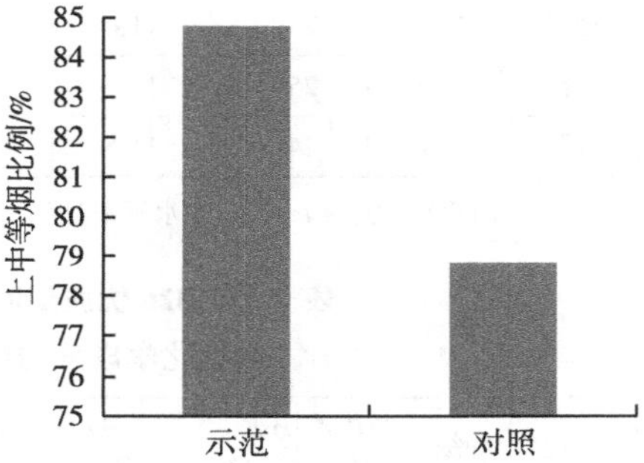

图 83 普洱示范区上中等烟
比例对比（2015 年）

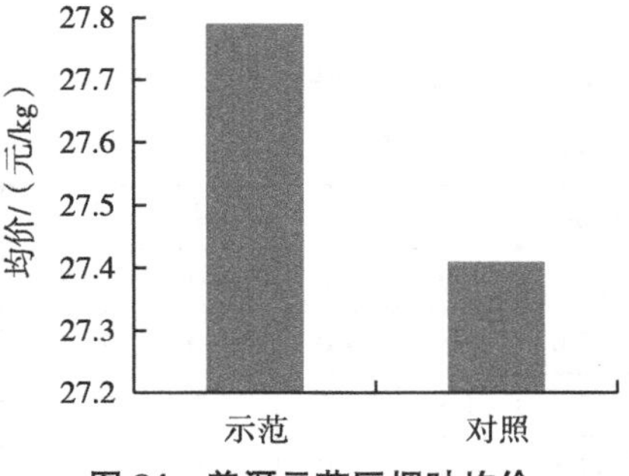

图 84 普洱示范区烟叶均价
对比（2015 年）

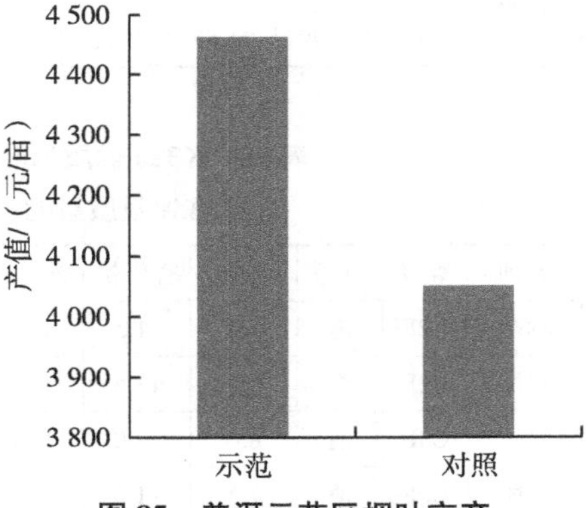

图 85 普洱示范区烟叶亩产
值对比（2015 年）

2015 年的烟叶质量综合评价表明：普洱示范区的烤后烟叶的叶片结构、油分及色度等外观质量较传统生产烟叶均有改善，烟叶的外观质量好；各项化学成分指标趋于协调；评吸表明烟叶清香型风格特色彰显，清甜、焦甜、烤韵较好，香气量足，香气质细腻，烟气浓度高，刺激性轻，劲头中偏大，杂气轻，微有颗粒感，回味稍差，烟气较湿润（表96至表98）。外观质量综合评分与感官质量综合评分分析均表明，示范区与对照相比差异显著。

**表96 K326优质烟叶生产综合配套技术应用对烟叶
外观质量的影响对比（2015年，普洱）**

处理	等级	成熟度	颜色	叶片结构	油分	身份	色度	综合得分
示范	B2F	24.5	12.0	15.5	12.0	7.5	8.0	79.5a
对照	B2F	24.5	11.0	15.5	11.5	7.5	7.0	77.0b
示范	C3F	25.0	12.5	16.0	12.0	8.0	7.5	81.0a
对照	C3F	24.5	11.5	15.5	11.5	8.0	7.5	78.5b

注：不同字母表示 P 在 0.05 水平下达到显著水平。

**表97 K326优质烟叶生产综合配套技术应用对烟叶
内在化学成分的影响对比（2015年，普洱）**

处理	等级	总糖/%	还原糖/%	总氮/%	烟碱/%	氧化钾/%	氯/%	糖碱比	钾氯比	氮碱比	两糖差
示范	B2F	26.27	18.68	2.09	3.57	1.50	0.03	7.36	50.00	0.59	7.59
示范	C3F	26.66	22.14	2.23	2.74	1.54	0.34	9.73	4.53	0.81	4.52
对照	B2F	30.52	21.74	2.28	2.91	2.21	0.25	10.49	8.84	0.78	8.78
对照	C3F	28.79	21.87	2.21	2.49	2.09	0.85	11.56	2.46	0.89	6.92

**表98 K326优质烟叶生产综合配套技术应用对烟叶
感官评吸质量的影响对比（2015年，普洱）**

处理	等级	香型	香韵	香气量	香气质	浓度	刺激性	劲头	杂气	口感	合计
示范	B2F	清	8.0	11.5	12.5	8.0	12.5	5.0	7.0	15.0	79.5a
对照	B2F	清	8.0	11.5	11.5	7.0	12.0	4.5	7.0	15.0	76.5b
示范	C3F	清	8.0	12.0	13.0	8.0	13.0	4.5	7.5	15.5	81.5a
对照	C3F	清	7.5	11.5	12.5	7.0	12.5	4.5	7.0	15.0	77.5b

注：不同字母表示 P 在 0.05 水平下达到显著水平。

3. 2016 年应用情况

2016 年，由于普洱烟区烟叶品种布局的调整，全市种植品种为云烟系列，项目所取得的 K326 品种优质烟叶生产技术并未直接在普洱烟区推广应用。但优质适产养分临界值施肥体系、优质烟叶生产养分资源综合调控关键技术与管理运筹模式和烟叶烘烤工艺技术优化和改进等研究成果。结合云烟系列品种的施肥及养分调控管理、烟叶烘烤技术提供了直接借鉴和参考。

2014—2015 年的烟叶质量综合评价表明，普洱示范区的烤后烟叶的叶片结构、油分及色度均有改善，烟叶的外观质量好，各项化学成分指标趋于协调，评吸表明烟叶清香型风格特色彰显，香韵突出，烟叶香气质好，香气量足，刺激性小，杂气轻，烟叶吃味醇和，符合红塔品牌对优质原料的需求。

综上所述，2014—2016 年，项目研究成果在玉溪烟区和普洱烟区进行了示范和推广应用。玉溪烟区：3 年累计推广面积达 300 230 亩，开展生产技术培训 17 次，培训人数达 1 720 人，烟农新增效益达 12 931.71 万元。普洱烟区：2 年累计推广面积达 72 630 亩，开展生产技术培训 23 次，培训人数达 1 660 人，烟农新增效益达 2 764.17 万元。玉溪、普洱两个烟区 3 年累计推广面积达 372 860 亩，开展生产技术培训 40 次，培训人数达 3 380 人，烟农新增效益达 15 695.88 万元。在采用 K326 优质烟叶生产配套技术后，玉溪、普洱烟区 K326 产量质量都得到明显提升，具有显著降本增效作用，提高了烟农收益和积极性，该技术的推广应用对 K326 烤烟持续生产发展起到了推动作用。

第二节　烟叶工业分级评价与卷烟使用

一、烟叶工业分级与评价

烟叶工商交接后，根据红塔集团烤烟工业分级标准，对技术应用区收购的烟叶进行工业分级，并对分级结果进行分析与评价。技术应用区烟叶收购情况详见表 99。

表 99　2014—2016 年技术推广面积及采购烟叶统计

年份	玉溪烟区					普洱烟区		
	田烟面积/亩	田烟产量/担①	地烟面积/亩	地烟产量/担	总产量/担	地烟面积/亩	地烟产量/担	总产量/担
2014	8 600	25 800	6 480	16 200	42 000	19 170	47 925	47 925

---

① 1 担 = 50kg。全书同。

（续表）

年份	玉溪烟区					普洱烟区		
	田烟面积/亩	田烟产量/担	地烟面积/亩	地烟产量/担	总产量/担	地烟面积/亩	地烟产量/担	总产量/担
2015	44 550	133 650	44 100	110 250	243 900	53 460	133 650	133 650
2016	90 600	271 800	105 900	264 750	536 550			
合计	143 750	431 250	156 480	391 200	822 450	72 630	181 575	181 575

玉溪烟区			普洱烟区		
总面积/亩	300 230	总产量/担	822 450	—	总面积/亩	72 630	总产量/担	181 575

注：田烟按照 3 担/亩统计，地烟按照 2.5 担/亩统计。

1. 玉溪烟区 2014 年技术应用区收购烟叶的工业分级与评价

按照红塔集团烟叶工业分级标准，对 2014 年技术应用区收购 X2F、C3F、B2F 烟叶进行工业分级，并对分级结果进行统计分析（表 100）。

表 100　2014 年技术应用区收购烟叶工业分级结果统计　　单位：%

年份	收购原级	分后主等级	分后小等级	其他
2014	X2F	95.07	4.11	0.82
2014	C3F	95.66	2.95	1.39
2014	B2F	89.72	8.82	1.46

由表 100 的统计分析结果可以看出，X2F 经工业分级后，分后主等级、分后小等级和其他（主要指杂物、碎片、烟灰、霉烟、废料等，下同）的占比分别为 95.07%、4.11% 和 0.82%（图 86）；C3F 经工业分级后，分后主等级、分后小等级和其他的占比分别为 95.66%、2.95% 和 1.39%（图 87）；B2F 经工业分级后，分后主等级、分后小等级和其他的占比分别为 89.72%、8.82% 和 1.46%（图 88）。

图 86　X2F 分级结果占比

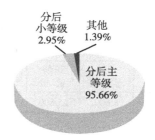

图 87　C3F 分级结果占比

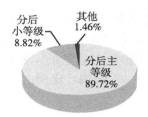

图 88　B2F 分级结果占比

从部位集中度（部位纯度）来看，X2F 的部位集中度为 85.03%，C3F 的部位集中度为 85.73%，B2F 的部位集中为 79.16%（表 101）。

表 101　2014 年技术应用区收购烟叶各等级部位占比情况　　单位：%

等级	主等级部位结构			非主等级
	上部	中部	下部	
X2F	2.12	7.92	85.03	4.93
C3F	4.55	85.73	5.38	4.34
B2F	79.16	8.44	2.12	10.28

X2F 烟叶经工业分级后，下部烟叶的部位占比为 85.03%（图 89）；C3F 烟叶经工业分级后，中部烟叶的部位占比为 85.73%（图 90）；B2F 烟叶经工业分级后，上部烟叶的部位占比为 79.16%（图 91）。

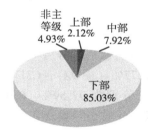

图 89　X2F 分级后部位占比

图 90　C3F 分级后部位占比

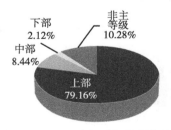

图 91　B2F 分级后部位占比

对 X2F、C3F、B2F 3 个等级分后小等级的统计分析得出：X2F 的分后小等级中，正组烟叶比例占总量的 1.87%，副组烟叶比例占总量的 2.24%；C3F 的分后小等级中，正组烟叶比例占总量的 1.89%，副组烟叶比例占总量的 1.06%；B2F 的分后小等级中，正组烟叶比例占总量的 3.57%，副组烟叶比例占总量的 5.25%（表 102）。

表 102　X2F、C3F、B2F 分后小等级正副组烟叶占比统计　　　单位：%

X2F		C3F		B2F	
小等级 正组占比	小等级 副组占比	小等级 正组占比	小等级 副组占比	小等级 正组占比	小等级 副组占比
1.87	2.24	1.89	1.06	3.57	5.25

2.玉溪烟区 2015 年技术应用区收购烟叶的工业分级与评价

按照红塔集团烟叶工业分级标准，对 2015 年技术应用区收购 X2F、C3F、B2F 烟叶进行工业分级，并对分级结果进行统计分析（表 103）。

表 103　2015 年技术应用区收购烟叶工业分级结果统计　　　单位：%

收购原级	分后主等级	分后小等级	其他
X2F	95.85	3.38	0.77
C3F	97.59	0.93	1.48
B2F	93.72	4.75	1.53

由表 103 的统计分析结果可以看出，X2F 经工业分级后，分后主等级、分后小等级及其他的占比分别为 95.85%、3.38% 和 0.77%（图 92）；C3F 经工业分级后，分后主等级、分后小等级及其他的占比分别为 97.59%、0.93% 和 1.48%（图 93）；B2F 经工业分级后，分后主等级、分后小等级及其他的占比分别为 93.72%、4.75% 和 1.53%（图 94）。

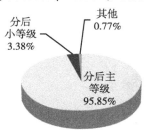

图 92　X2F 分级结果占比

图 93　C3F 分级结果占比

图 94　B2F 分级结果占比

从部位集中度（部位纯度）来看，X2F 的部位集中为 86.81%，C3F 的部位集中度为 90.43%，B2F 的部位集中为 86.95%（表 104）。

表 104　2016 年技术应用区收购烟叶各等级部位占比情况　　单位：%

等级	主等级部位结构			非主等级
	上部	中部	下部	
X2F	2.35	6.69	86.81	4.15
C3F	1.25	90.43	5.91	2.41
B2F	86.95	5.28	1.49	6.28

X2F 烟叶经工业分级后，下部烟叶的部位占比为 86.81%（图 95）；C3F 烟叶经工业分级后，中部烟叶的部位占比为 90.43%（图 96）；B2F 烟叶经工业分级后，上部烟叶的部位占比为 86.59%（图 97）。

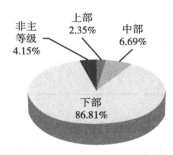

图 95　X2F 分级后部位占比

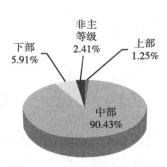

图 96　C3F 分级后部位占比

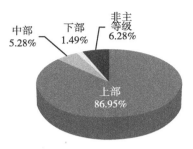

图 97 B2F 分级后部位占比

对 X2F、C3F、B2F 3 个等级分后小等级的统计分析得出：X2F 的分后小等级中，正组烟叶比例占总量的 2.07%，副组烟叶比例占总量的 1.31%；C3F 的分后小等级中，正组烟叶比例占总量的 0.08%，副组烟叶比例占总量的 0.85%；B2F 的分后小等级中，正组烟叶比例占总量的 0.77%，副组烟叶比例占总量的 3.98%（表 105）。

表 105 X2F、C3F、B2F 分后小等级正副组烟叶占比统计   单位：%

X2F		C3F		B2F	
小等级正组占比	小等级副组占比	小等级正组占比	小等级副组占比	小等级正组占比	小等级副组占比
2.07	1.31	0.08	0.85	0.77	3.98

3.玉溪烟区 2016 年技术应用区收购烟叶的工业分级与评价

按照红塔集团烟叶工业分级标准，对 2016 年技术应用区收购 X2F、C3F、B2F 烟叶进行工业分级，并对分级结果进行统计分析（表 106）。

表 106 2016 年技术应用区收购烟叶工业分级结果统计   单位：%

收购原级	分后主等级	分后小等级	其他
X2F	97.03	2.30	0.67
C3F	97.92	0.96	1.12
B2F	94.06	4.60	1.34

由表 106 的统计分析结果可以看出，X2F 经工业分级后，分后主等级、分后小等级及其他的占比分别为 97.03%、2.30% 和 0.67%（图 98）；C3F 经工业分级后，分后主等级、分后小等级及其他的占比分别为 97.92%、0.96% 和

1.12%（图 99）；B2F 经工业分级后，分后主等级、分后小等级及其他的占比分别为 94.06%、4.60% 和 1.34%（图 100）。

图 98　X2F 分级结果占比

图 99　C3F 分级结果占比

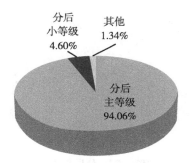

图 100　B2F 分级结果占比

从部位集中度（部位纯度）来看，X2F 的部位集中为 87.79%，C3F 的部位集中度为 90.61%，B2F 的部位集中为 88.38%（表 107）。

表 107　2016 年技术应用区收购烟叶各等级部位占比情况　　　　　　单位：%

等级	主等级部位结构			非主等级
	上部	中部	下部	
X2F	1.85	7.39	87.79	2.97
C3F	3.04	90.61	4.27	2.08
B2F	88.38	4.27	1.41	5.94

X2F 烟叶经工业分级后，下部烟叶的部位占比为 87.79%（图 101）；C3F 烟叶经工业分级后，中部烟叶的部位占比为 90.61%（图 102）；B2F 烟叶经工

业分级后，上部烟叶的部位占比为 88.38%（图 103）。

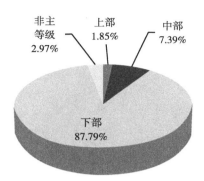

图 101　X2F 分后部位占比

图 102　C3F 分后部位占比

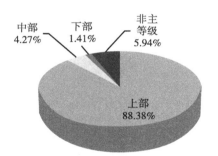

图 103　B2F 分后部位占比

　　对 X2F、C3F、B2F 3 个等级分后小等级的统计分析得出：X2F 的分后小等级中，正组烟叶比例占总量的 2.07%，副组烟叶比例占总量的 0.23%；C3F 的分后小等级中，正组烟叶比例占总量的 0.27%，副组烟叶比例占总量的 0.69%；B2F 的分后小等级中，正组烟叶比例占总量的 1.42%，副组烟叶比例占总量的 3.18%（表 108）。

表 108　X2F、C3F、B2F 分后小等级正副组烟叶占比统计　　　　单位:%

X2F		C3F		B2F	
小等级正组占比	小等级副组占比	小等级正组占比	小等级副组占比	小等级正组占比	小等级副组占比
2.07	0.23	0.27	0.69	1.42	3.18

4. 2012—2016 年技术应用区收购烟叶工业分级结果的综合对比分析评价

结合 2012 年和 2013 年非技术应用区烟叶工业分级结果，对 2012—2016 年技术应用区收购烟叶的工业分级结果进行综合对比分析。

（1）2012—2016 年 X2F 工业分级结果对比分析

从表 109、图 104、图 105 中可以看出，2012—2016 年，X2F 烟叶经工业分级后，主等级的占比在逐年提高，从 2012 年的 90.08% 提高到了 2016 年的 97.03%，提高了 6.95 个百分点；分后小等级占比在逐年降低，从 2012 年的 8.78% 降至 2016 年的 2.30%，降低了 6.48 个百分点；分后小等级的中副组的占比逐年降低，从 2012 年的 6.49% 降至 0.23%，降低了 6.26 个百分点。

表 109　2012—2016 年 X2F 工业分级结果对比分析　　　　　单位：%

年份	原级	分后主等级占比	分后小等级占比		其他占比
2012	X2F	90.08	8.78		1.14
			正组	副组	
			2.29	6.49	
2013	X2F	92.21	6.92		0.87
			正组	副组	
			3.05	3.87	
2014	X2F	95.07	4.11		0.82
			正组	副组	
			1.87	2.24	
2015	X2F	95.85	3.38		0.77
			正组	副组	
			2.07	1.31	
2016	X2F	97.03	2.30		0.67
			正组	副组	
			2.07	0.23	

从表 110、图 106 中可知，2012—2016 年技术应用区烟叶的 X2F 经工业分级后部位集中度（部位纯度）呈现逐年提升的趋势，从 2012 年的 77.94% 提高至 2016 年的 87.79%，提升了 9.85 个百分点；X2F 混中上部烟叶的情况有所降低。

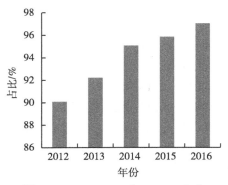

图 104　2012—2016 年 X2F 工业分级后主等级占比对比分析

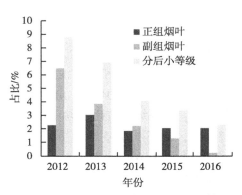

图 105　2012—2016 年 X2F 分后小等级及正副组占比对比分析

表 110　2012—2016 年 X2F 工业分级后的部位结构占比分析　　　　　单位:%

年份	上部	中部	下部	非主等级
2012	1.72	10.42	77.94	9.92
2013	2.61	10.47	79.13	7.79
2014	2.12	7.92	85.03	4.93
2015	2.35	6.69	86.81	4.15
2016	1.85	7.39	87.79	2.97

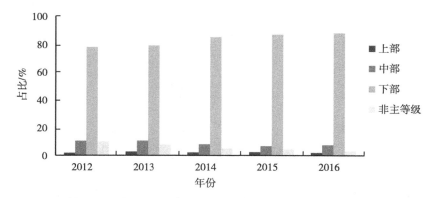

图 106　2012—2016 年 X2F 工业分级后部位占比对比分析

（2）2012—2016 年 C3F 工业分级结果对比分析

从表 111、图 107、图 108 中可以看出，2012—2016 年，C3F 烟叶经工业

分级后，主等级的占比在逐年提高，从 2012 年的 93.44% 提高至 2016 年的 97.92%，提高了 4.48 个百分点；分后小等级占比在逐年降低，从 2012 年的 4.71% 降至 2016 年的 0.96%，降低了 3.75 个百分点；分后小等级的中副组的占比逐年降低，从 2012 年的 2.60% 降至 0.69%，降低了 1.91 个百分点。

表 111　2012—2016 年 C3F 工业分级结果对比分析　　　单位：%

年份	原级	分后主等级占比	分后小等级占比		其他占比
2012	C3F	93.44	4.71		1.85
			正组	副组	
			2.11	2.60	
2013	C3F	93.39	5.01		1.60
			正组	副组	
			3.45	1.56	
2014	C3F	95.66	2.95		1.39
			正组	副组	
			1.89	1.06	
2015	C3F	97.59	0.93		1.48
			正组	副组	
			0.08	0.85	
2016	C3F	97.92	0.96		1.12
			正组	副组	
			0.27	0.69	

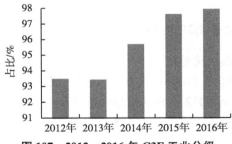

图 107　2012—2016 年 C3F 工业分级后主等级占比对比分析

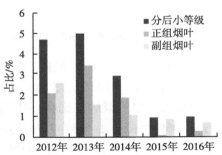

图 108　2012—2016 年 C3F 分后小等级及正副组占比对比分析

从表 112、图 109 中可以看出，2012—2016 年技术应用区烟叶的 C3F 经工业分级后部位集中度（部位纯度）呈现逐年提升的趋势，从 2012 年的 79.19% 提高至 2016 年的 90.61%，提升了 11.42 个百分点；C3F 混上部和下部烟叶的情况有所降低。

表 112　2012—2016 年 C3F 工业分级后的部位结构占比分析　　　单位：%

年份	上部	中部	下部	非主等级
2012	6.90	79.19	7.35	6.56
2013	5.22	81.67	6.50	6.61
2014	4.55	85.73	5.38	4.34
2015	1.25	90.43	5.91	2.41
2016	3.04	90.61	4.27	2.08

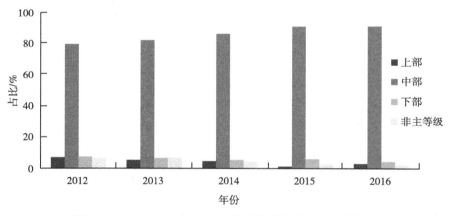

图 109　2012—2016 年 C3F 工业分级后部位占比对比分析

（3）2012—2016 年 B2F 工业分级结果对比分析

从表 113、图 110、图 111 中可以看出，2012—2016 年，B2F 烟叶经工业分级后，主等级的占比在逐年提高，从 2012 年的 85.75% 提高至 2016 年的 94.06%，提高了 8.31 个百分点；分后小等级占比在逐年降低，从 2012 年的 12.53% 降至 2016 年的 4.60%，降低了 7.93 个百分点；分后小等级的中副组的占比逐年降低，从 2012 年的 8.13% 降至 3.18%，降低了 4.95 个百分点。

表 113　2012—2016 年 B2F 工业分级结果对比分析　　　　　　单位:%

年份	原级	分后主等级占比	分后小等级占比		其他占比
2012	B2F	85.75	12.53		1.72
			正组	副组	
			4.40	8.13	
2013	B2F	86.35	11.93		1.72
			正组	副组	
			6.25	5.68	
2014	B2F	89.72	8.82		1.46
			正组	副组	
			3.57	5.25	
2015	B2F	93.72	4.75		1.53
			正组	副组	
			0.77	3.98	
2016	B2F	94.06	4.60		1.34
			正组	副组	
			1.42	3.18	

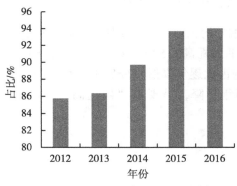

**图 110　2012—2016 年 B2F 工业分级
后主等级占比对比分析**

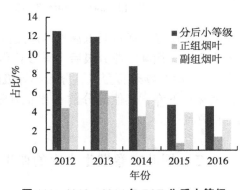

**图 111　2012—2016 年 B2F 分后小等级
及正副组占比对比分析**

　　从表 114、图 112 中可以看出,2012—2016 年项目区烟叶的 B2F 经工业分级后部位集中度（部位纯度）呈现逐年提升的趋势,从 2012 年的 72.00% 提高至 2016 年的 88.38%,提升了 16.38 个百分点;B2F 混中下烟叶的情况有所降低。

表 114　2012—2016 年 B2F 工业分级后的部位结构占比分析　　　单位：%

年份	上部	中部	下部	非主等级
2012	72.00	10.27	3.48	14.25
2013	73.45	9.65	3.25	13.65
2014	79.16	8.44	2.12	10.28
2015	86.95	5.28	1.49	6.28
2016	88.38	4.27	1.41	5.94

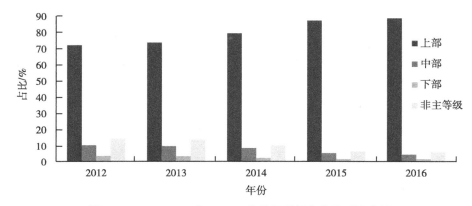

图 112　2012—2016 年 B2F 工业分级后部位占比对比分析

综上所述，通过对玉溪技术应用区烟叶的工业分级结果统计分析表明，技术应用后，烟叶工业分级后主等级比例平均提高 6.58 个百分点，部位集中度平均提高 12.49 个百分点，分后小等级的占比逐年降低，分后小等级中副组的比例逐年下降，其他部分的占比也在逐年下降，呈现出"两提高、三降低"的良好局面。

二、烟叶在卷烟生产中的使用

2014 年、2015 年玉溪项技术应用地区收购的烟叶经工业分级、模块配方打叶后，能进入集团一类卷烟生产的模块比例达 84.1%。经醇化后已投入集团一类卷烟生产使用。在集团一类卷烟生产中，在产区结构上，玉溪烟区所采购的烟叶在一类烟生产中占比达到 34%；在部位结构上，上部烟叶的使用占比提高了 4 个百分点，该技术的应用对于提升玉溪烟区上部烟叶的可用性成效显著。

2014 年、2015 年玉溪项目区采购烟叶总量为 28.59 万担，根据工业分级、模块配方打叶后，能进入集团一类卷烟生产的烟叶数量为 24.04 万担（按照 84.1% 计算），根据单箱卷烟消耗初烤烟叶 0.9 担计算，按照玉溪烟区烟叶在集团一类卷烟中的占比（34%），支撑了集团 78.56 万箱的一类卷烟生产。

第三节　技术应用效益

采用边研究、边示范的研究与推广应用方法，在玉溪和普洱两个不同生态区，将技术研究成果与各项配套生产技术措施进行整合并推广应用。通过构建更加精准、科学有效的养分管理运筹模式、优化烘烤工艺技术参数并配套其他生产技术措施，提升了烟叶质量和工业可用性，为玉溪和普洱烟区的烟叶生产发展提供技术指导，为红塔提供"特色、优质、生态、安全"的优质原料提供了技术保障。项目成果的推广应用取得了较好的经济效益、社会效益和生态效益，促进了烟草产业的可持续发展。

一、经济效益

1. 技术应用区烟农新增效益

（1）玉溪烟区

2014 年，该技术在玉溪烟区示范推广面积为 15 080 亩，其中田烟 8 600 亩，地烟 6 480 亩。按照田烟每亩增加产值 505.20 元，地烟每亩增加产值 381.15 元计算，烟农新增收益达 681.46 万余元。

2015 年，该技术在玉溪烟区示范推广面积为 88 650 亩，其中田烟 44 550 亩，地烟 44 100 亩。按照田烟每亩增加产值 512.14 元，地烟每亩增加产值 372.85 元计算，烟农新增收益达 3 925.85 万余元。

2016 年，该技术在玉溪烟区示范推广面积为 196 500 亩，其中田烟 90 600 亩，地烟 105 900 亩。按照田烟每亩增加产值 495.5 元，地烟每亩增加产值 362.15 元计算，烟农新增收达 8 324.40 万余元。

该技术 3 年累计推广面积达 300 230 亩，烟农新增产值达 12 931.71 万余元。

（2）普洱烟区

2014 年，该技术在普洱烟区示范推广面积为 19 170 亩，按照每亩增加产值 397.71 元计算，烟农新增产值达 762.41 万余元；

2015 年，该技术在普洱烟区示范推广面积为 53 460 亩，按照每亩增加产值 374.44 元计算，烟农新增产值达 2 001.76 万余元；

该技术两年累计推广面积达 72 630 亩，烟农新增产值达 2 764.17 万余元。

综上所述，该技术 3 年累计推广面积达 372 860 亩，烟农新增产值达 15 695.92 万余元（表 115）。

表 115　技术推广应用面积及烟农新增产值综合统计表

推广情况	2014 年	2015 年	2016 年	3 年累计
玉溪烟区推广面积/亩	15 080.00	88 650.00	196 500.00	300 230.00
玉溪烟区烟农新增产值/万元	681.46	3 925.85	8 324.40	12 931.71
普洱烟区推广面积/亩	19 170.00	53 460.00	—	72 630.00
普洱烟区烟农新增产值/万元	762.41	2 001.76	—	2 764.17
推广面积总计/亩	34 250.00	142 110.00	196 500.00	372 860.00
烟农新增产值总计/万元	1 443.87	5 927.61	8 324.4	15 695.88

2. 技术应用后的工业新增税利

2014 年、2015 年玉溪技术应用区采购烟叶总量为 28.59 万担，能进入集团一类卷烟生产的烟叶数量为 24.04 万担（按照 84.1%计算），根据单箱卷烟消耗初烤烟叶 0.9 担计算，按照玉溪烟区烟叶在集团一类卷烟中的占比（34%），支撑了集团 78.56 万箱一类卷烟生产。

参考行业标准《烟草农业科技成果经济效益计算方法》（YC/T 220—2007）及河南农业大学《烟叶生产技术进步贡献率的测算及实证分析》（国家局资助项目 1998401-0643）方法计算。

计算公式如下：

生产一类卷烟数量：$A = a \div b \div c$

一类卷烟工业销售所产生的税利：$T = A \times d$

项目区烟叶新增税利：$M = T \times (e \times f)$

综合计算公式如下：

$M = [(a \div b \div c) \times d] \times (e \times f)$

$M = [(240\,400 \div 0.9 \div 34\%) \times 2.5325] \times (35\% \times 10\%) = 69\,635.47(万元)$

式中，a——可用于生产一类卷烟的烟叶数量，240 400 担；

b——卷烟单箱耗叶量，0.9 担/箱；

c——玉溪烟叶在一类烟配方中的应用比例，34%；

d——集团一类烟单箱税利，2.5325 万元/箱；

e——烟叶原料对卷烟税利的贡献率，35%；

f——本项目烟叶贡献率，10%。

2014—2016 年，该技术在玉溪烟区和普洱烟区推广应用后，项目区烟农新增收益达 15 695.88 万元，项目区采购烟叶投入卷烟生产使用后，工业新增税利达 69 635.47 万元。综合烟农新增收益及工业新增税利，项目研究成果的推广应用新增收益共计达到 85 331.35 万元。

二、社会效益

该技术的推广应用，提升了烟区的生产技术水平和管理水平，通过大力宣传培训和指导，提高了烟农对优质烟叶的认识和科技措施落实的到位率，提升了烟农的综合素质。该技术的推广应用，在提高了烟叶质量、增加了烟农收入的同时，也提高了烟叶工业可用性，实现了工农业的协同发展。项目研究成果的应用，保证了优质烟叶的有效供给、促进了烟农增收、保护了生态环境，促进了烟区地方经济社会发展，进一步稳定了烟叶生产面积、促进了烟草产业的可持续发展。

三、生态效益

该技术的推广应用，降低了肥料成本投入、人工投入和烘烤燃料投入，减少了化肥对农田、水源的面源污染，减少了烘烤排放对大气环境的污染。该技术的应用，保护了农田、土壤、水源、大气等农业生态环境，对促进大农业的生产环境保护具有重要的意义。

参考文献

郭嘉诚，黄胜，程智敏，等，1996. 优质丰产烤烟品种 K326 ［J］. 四川农业科技，6：31-32.

刘春奎，王建民，李葆，等，2010. 云南烟区烤烟品种 K326 主要化学成分特点分析 ［J］. 郑州轻工业学院学报（自然科学版），25（5）：44-48.

王岚，杨继周，蒋美红，等，2012. 云南省不同烟区 K326 烟叶的常规化学成分比较 ［J］. 安徽农业科学，40（3）：1 369-1 371.

王涛，毛岚，高华锋，等，2016. 云南曲靖烟区 K326 烟叶适宜采收成熟度研究 ［J］. 作物研究，30（2）：152-156.

闫新甫，孔劲松，罗安娜，等，2021. 近 20 年全国烤烟产区种植规模消长变化分析 ［J］. 中国烟草科学，42（4）：92-101.

余小芬，杨树明，邹炳礼，等，2020. 云南多雨烟区增密减氮对烤烟产质量及养分利用率的调控效应 ［J］. 水土保持学报，34（5）：327-333.

赵文军，薛开政，杨继周，等，2015. 玉溪烟区 K326 上部烟叶烘烤工艺优化研究 ［J］. 湖南农业科学（7）：67-69，73.

附　录

附录 1：玉溪烟区上部烟叶烘烤工艺技术规程

1　上部叶成熟采摘

1.1　上部叶成熟采摘标准

上部叶要把握充分成熟采收，不熟不采，熟而不漏的采收标准。上部叶烟叶成熟外观表现为叶色淡黄色，叶面落黄九成左右，叶面多皱褶，叶耳呈浅黄色，主脉乳白发亮，支脉 2/3 以上至全白，有明显黄白色成熟斑，叶尖叶缘发白下卷。

1.2　上部叶成熟采收方法

上部烟叶移栽后 110 天或封顶后 50 天采收，上部叶 5~6 片充分成熟一次性采收。宜在上午进行采收，以便正确识别烟叶成熟度。采收成熟度要保持一致，采摘时用食指和中指托住叶柄基部，拇指放在主脉基部上，向下一压，再向旁拧采下。采下的烟叶叶柄对齐，整齐堆放，勿暴晒，更不能在积水处和淋雨处堆放。采收和运输时轻拿轻放，避免挤压、日晒损伤烟叶，应使用专用工具运送，尽量防止鲜烟叶损伤。

2　上部叶编竿及装炉

2.1　编烟

编烟时按叶片大小、成熟程度和病虫危害较重的烟叶分开。然后按各类烟叶单独编竿，做到同竿同质，不编"杂花"烟。编烟要均匀一致，严格按照不同烤房规格控制竿重。

2.2　装烟

将编竿后的烟叶逐竿挂放在烤房内的适当位置上，相同部位的烟叶，将成熟稍差的烟叶装在低温区，成熟过度及病虫为害的烟叶装在烤房高温区，适熟烟叶装在烤房中温区，装烟稀密要均匀一致，上部烟叶装烟密度可以比烤房的正常容量多装 8%~12%。

3 烘烤

3.1 烤前检查

烘烤前要对个烤房的相关设备进行认真细致的检查，主要包括围护结构、加热系统、排湿系统、自动控制系统等，要保证各系统能正常运行。

3.2 烘烤原则

烘烤要掌握以下 4 个基本原则。（1）看烟叶特性决定烘烤方法。根据鲜烟叶特性制定与之相适应的烘烤方法，使烘烤方法与鲜烟叶特质匹配，才能确保烘烤质量。（2）看烟叶特性设定起火温度。（3）看烟叶变黄程度设定升温速度及需要达到并稳定的干球温度。（4）看烟叶变黄程度与失水程度设定湿球温度。

4 烘烤技术

4.1 变黄期烘烤技术

4.1.1 起火前方法

起火前，启动内循环系统运行 2h 左右。让气流在烟叶间循环流通，使烤房内烟层间空气湿度均匀，然后起火。并设定升温速度和需要的干球温度指标。

4.1.2 变黄前期温湿度设定

设定干球温度指标 32℃ 和升温时间 5~8h，设定湿球温度为 31℃，稳温时间一般设定为 12h。以干球温度指标 32℃ 为起点，设定升温速度为 1℃/h 升温到干球温度 36℃，湿球温度 35℃，稳温时间一般设定为 10h。当达到高温区烟叶叶尖变黄 10cm 以上的烘烤目标后，进行下次升温、稳温指标的设定。

4.1.3 变黄中期温湿度设定

以上一次稳温指标 36℃ 为起点，设定升温速度为 1℃/h 和需要升温达到并稳定的干球温度指标为 38℃，湿球温度设定为 36℃，设定稳温时间一般为 20h。当达到高温区烟叶变软、叶片全黄的烘烤目标后，稳湿球升干球，进行下次升温、稳温指标的设定。

4.1.4 变黄后期温湿度设定

以上一次稳温指标 38℃ 为起点，设定升温速度为 1℃/h 和需要升温达到并稳定的干球温度指标为40℃，湿球温度设定为37℃，设定稳温时间一般为10h。以稳温指标40℃为起点，设定升温速度为1℃/h和需要升温达到并稳定的干球温度指标为42℃，湿球温度设定为37℃，设定稳温时间一般为10h。当达到高温区烟叶全黄、变软拖条，低温区烟叶全黄、主脉变软、支脉退青变白的烘烤目标后，进行定色期升温、稳温指标的设定。

4.2　定色期烘烤技术

4.2.1　定色前期烘烤技术

以上一次稳温指标42℃为起点，设定升温速度为1℃/h和需要升温达到并稳定的干球温度指标为46℃，湿球温度设定为37.5℃，设定稳温时间一般为18~20h。当达到高温区烟叶勾尖卷边，低温区烟叶拖条、主脉退青变白的烘烤目标后，进行下一次升温、稳温指标的设定。

4.2.2　定色后期烘烤技术

以上一次稳温指标46℃为起点，设定升温速度为1℃/h和需要升温达到并稳定的干球温度指标为52℃，湿球温度设定为38℃，设定稳温时间一般为25h。当达到高温区烟叶大卷筒，低温区烟叶小卷筒的烘烤目标后，即可进入干筋期温度设定。

4.3　干筋期烘烤技术

以上一次稳温指标52℃为起点，设定升温速度为1℃/h和需要升温达到并稳定的干球温度指标为66℃，湿球温度设定为39℃，设定稳温时间一般为30h。当达到全炉烟叶主脉干燥的烘烤目标后，整个烘烤过程完成。

附录 2：玉溪烟区雨后上部烟叶烘烤工艺技术规程

1 上部叶成熟采摘

1.1 上部叶成熟采摘标准

上部叶要把握充分成熟采收，不熟不采，熟而不漏的采收标准。上部叶烟叶成熟外观表现为叶色淡黄色，叶面落黄九成左右，叶面多皱褶，叶耳呈浅黄色，主脉乳白发亮，支脉 2/3 以上至全白，有明显黄白色成熟斑，叶尖叶缘发白下卷。

1.2 上部叶成熟采收方法

上部烟叶移栽后 110 天或封顶后 50 天采收，上部叶 5~6 片充分成熟一次性采收。宜在上午进行采收，以便正确识别烟叶成熟度。采收成熟度要保持一致，采摘时用食指和中指托住叶柄基部，拇指放在主脉基部上，向下一压，再向旁拧采下。采下的烟叶叶柄对齐，整齐堆放，勿暴晒，更不能在积水处和淋雨处堆放。采收和运输时轻拿轻放，避免挤压、日晒损伤烟叶，应使用专用工具运送，尽量防止鲜烟叶损伤。

2 上部叶编竿及装炉

2.1 编烟

编烟时按叶片大小、成熟程度和病虫危害较重的烟叶分开。然后按各类烟叶单独编竿，做到同竿同质，不编"杂花"烟。编烟要均匀一致，严格按照不同烤房规格控制竿重。

2.2 装烟

将编竿后的烟叶逐竿挂放在烤房内的适当位置上，相同部位的烟叶，将成熟稍差的烟叶装在低温区，成熟过度及病虫为害的烟叶装在烤房高温区，适熟烟叶装在烤房中温区，装烟稀密要均匀一致，雨后上部烟叶装烟密度要比烤房的正常装烟密度减少 10%~15%。

3 烘烤

3.1 烤前检查

烘烤前要对个烤房的相关设备进行认真细致的检查，主要包括围护结构、加热系统、排湿系统、自动控制系统等，要保证各系统能正常运行。

3.2 烘烤原则

烘烤要掌握以下 4 个基本原则。（1）看烟叶特性决定烘烤方法。根据鲜烟叶特性制定与之相适应的烘烤方法，使烘烤方法与鲜烟叶特质匹配，才能确保烘烤质量。（2）看烟叶特性设定起火温度。（3）看烟叶变黄程度设定升温速度及需要达到并稳定的干球温度。（4）看烟叶变黄程度与失水程度设定湿球温度。

4 烘烤技术

4.1 变黄期烘烤技术

4.1.1 起火前方法

起火前，启动内循环系统运行 2h 左右。让气流在烟叶间循环流通，使烤房内烟层间空气湿度均匀，然后起火。并设定升温速度和需要的干球温度指标。

4.1.2 变黄前期温湿度设定

设定干球温度指标 31℃ 和升温时间 5h，设定湿球温度为 30℃，稳温时间一般设定为 10h。以干球温度指标 31℃ 为起点，设定升温速度为 1℃/h 升温到干球温度 38℃，湿球温度 37℃，稳温时间一般设定为 22h。当达到高温区烟叶叶尖变黄 10cm 以上的烘烤目标后，进行下次升温、稳温指标的设定。

4.1.3 变黄中期温湿度设定

以上一次稳温指标 38℃ 为起点，设定升温速度为 1℃/h 和需要升温达到并稳定的干球温度指标为 40℃，湿球温度设定为 37℃，设定稳温时间一般为 12h。当达到高温区烟叶变软、叶片全黄的烘烤目标后，稳湿球升干球，进行下次升温、稳温指标的设定。

4.1.4 变黄后期温湿度设定

以上一次稳温指标 40℃ 为起点，设定升温速度为 1℃/h 和需要升温达到并稳定的干球温度指标为 44℃，湿球温度设定为 37℃，设定稳温时间一般为 24h。当达到高温区烟叶全黄、变软拖条，低温区烟叶全黄、主脉变软、支脉退青变白的烘烤目标后，进行定色期升温、稳温指标的设定。

4.2 定色期烘烤技术

4.2.1 定色前期烘烤技术

以上一次稳温指标 44℃ 为起点，设定升温速度为 0.5℃/h 和需要升温达到并稳定的干球温度指标为 46℃，湿球温度设定为 37.5℃，设定稳温时间一般为 12h。当达到高温区烟叶勾尖卷边，低温区烟叶拖条、主脉退青变白的烘烤目标后，进行下一次升温、稳温指标的设定。

4.2.2 定色后期烘烤技术

以上一次稳温指标 46℃ 为起点，设定升温速度为 0.5℃/h 和需要升温达到并稳定的干球温度指标为 52℃，湿球温度设定为 38℃，设定稳温时间一般为 22h。当达到高温区烟叶大卷筒，低温区烟叶小卷筒的烘烤目标后，即可进入干筋期温度设定。

4.3 干筋期烘烤技术

以上一次稳温指标 52℃ 为起点，设定升温速度为 1℃/h 和需要升温达到并稳定的干球温度指标为 66℃，湿球温度设定为 39℃，设定稳温时间一般为 34h。当达到全炉烟叶主脉干燥的烘烤目标后，整个烘烤过程完成。

附录 3：普洱烟区下部烟叶烘烤工艺技术规程

1　下部叶成熟采摘

1.1　下部叶成熟采摘标准

下部叶要把握充分成熟采收，不熟不采，熟而不漏的采收标准。下部烟叶要适熟早收，移栽后 70 天或封顶 10 天后开始第一次采摘。下部叶烟叶成熟外观表现为叶色由绿色转为绿黄色，叶面落黄五至六成，主脉发白，茸毛部分脱落，叶尖稍下垂。

1.2　下部叶成熟采收方法

下部烟叶一般在打顶后 10～15 天开始采收下部叶，其后每隔 10 天采一次，每次每株采 2～3 片。宜在上午进行采收，以便正确识别烟叶成熟度。采收成熟度要保持一致，采摘时用食指和中指托住叶柄基部，拇指放在主脉基部上，向下一压，再向旁拧采下。采下的烟叶叶柄对齐，整齐堆放，勿暴晒，更不能在积水处和淋雨处堆放。采收和运输时轻拿轻放，避免挤压、日晒损伤烟叶，应使用专用工具运送，尽量防止鲜烟叶损伤，采摘后及时清理病残叶以防危害整片烟田。

2　上部叶编竿及装炉

2.1　编烟

编烟时按叶片大小、成熟程度和病虫危害较重的烟叶分开。然后按各类烟叶单独编竿，做到同竿同质，不编"杂花"烟。编烟要均匀一致，严格按照不同烤房规格控制竿重。

2.2　装烟

将编竿后的烟叶逐竿挂放在烤房内的适当位置上，相同部位的烟叶，将成熟稍差的烟叶装在低温区，成熟过度及病虫危害的烟叶装在烤房高温区，适熟烟叶装在烤房中温区，装烟稀密要均匀一致，根据烤房规格按正常装烟密度即可。

3 烘烤

3.1 烤前检查

烘烤前要对个烤房的相关设备进行认真细致的检查，主要包括围护结构、加热系统、排湿系统、自动控制系统等，要保证各系统能正常运行。

3.2 烘烤原则

烘烤要掌握以下 4 个基本原则。（1）看烟叶特性决定烘烤方法。根据鲜烟叶特性制定与之相适应的烘烤方法，使烘烤方法与鲜烟叶特质匹配，才能确保烘烤质量。（2）看烟叶特性设定起火温度。（3）看烟叶变黄程度设定升温速度及需要达到并稳定的干球温度。（4）看烟叶变黄程度与失水程度设定湿球温度。

4 烘烤技术

4.1 变黄期烘烤技术

4.1.1 起火前方法

起火前，启动内循环系统运行 2h 左右。让气流在烟叶间循环流通，使烤房内烟层间空气湿度均匀，然后起火。并设定升温速度和需要的干球温度指标。

4.1.2 变黄前期温湿度设定

设定干球温度指标 33℃和升温时间 8h，设定湿球温度为 31℃，稳温时间一般设定为 5h。当达到高温区烟叶叶尖变黄 7~10cm 的烘烤目标后，进行下次升温、稳温指标的设定。

4.1.3 变黄中期温湿度设定

以上一次稳温指标 33℃为起点，设定升温速度为 1℃/h 和需要升温达到并稳定的干球温度指标为 38℃，湿球温度设定为 35℃，设定稳温时间一般为 20h。当达到高温区烟叶变黄八成以上、烟叶变软的烘烤目标后，进行下次升温、稳温指标的设定。

4.1.4 变黄后期温湿度设定

以上一次稳温指标 38℃为起点，设定升温速度为 1℃/h 和需要升温达到并稳定的干球温度指标为 44℃，湿球温度设定为 37℃，设定稳温时间一般为 15h。当达到高温区烟叶全黄并变软拖条，低温区烟叶变软并变黄九成以上、主脉变软的烘烤目标后，进行定色期升温、稳温指标的设定。

4.2　定色期烘烤技术

4.2.1　定色前期44℃为起点，设定升温速度为 1℃/h 和需要升温达到
以上一次为 48℃，湿球温度设定为 37℃，设定稳温时间一般为
并稳定的干叶勾尖卷边、低温区烟叶拖条、叶耳全黄的烘烤目标后
5h。当过温指标的设定。

进行干考技术

4.2.指标44℃为起点，设定升温速度为 0.5℃/h 和需要升温达到
指标为 55℃，湿球温度设定为 38℃，设定稳温时间一般为
区烟叶大卷筒，低温区烟叶小卷筒的烘烤目标后，即可进入
。

考技术

稳温指标 55℃为起点，设定升温速度为 1℃/h 和需要升温达到
温度指标为 60℃，湿球温度设定为 39℃，设定稳温时间一般为
次稳温指标 60℃为起点，设定升温速度为 1℃/h 和需要升温达到
球温度指标为 65℃，湿球温度设定为 39℃，设定稳温时间一般为
当达到全炉烟叶主脉干燥的烘烤目标后，整个烘烤过程完成。

附录 4：普洱烟区上部烟叶烘烤工艺

程

1 上部叶成熟采摘

1.1 上部叶成熟采摘标准

上部叶要把握充分成熟采收，不熟不采，熟而不漏的采收标准。叶成熟外观表现为叶色淡黄色，叶面落黄九成左右，叶面多皱褶，叶色，主脉乳白发亮，支脉 2/3 以上至全白，有明显黄白色成熟斑，叶头白下卷。

1.2 上部叶成熟采收方法

上部烟叶移栽后 110 天或封顶后 50 天采收，上部叶 5~6 片充分成熟一性采收。宜在上午进行采收，以便正确识别烟叶成熟度。采收成熟度要保持一致，采摘时用食指和中指托住叶柄基部，拇指放在主脉基部上，向下一压，再向旁拧采下。采下的烟叶叶柄对齐，整齐堆放，勿暴晒，更不能在积水处和淋雨处堆放。采收和运输时轻拿轻放，避免挤压、日晒损伤烟叶，应使用专用工具运送，尽量防止鲜烟叶损伤。

2 上部叶编竿及装炉

2.1 编烟

编烟时按叶片大小、成熟程度和病虫危害较重的烟叶分开。然后按各类烟叶单独编竿，做到同竿同质，不编"杂花"烟。编烟要均匀一致，严格按照不同烤房规格控制竿重。

2.2 装烟

将编竿后的烟叶逐竿挂放在烤房内的适当位置上，相同部位的烟叶，将成熟稍差的烟叶装在低温区，成熟过度及病虫为害的烟叶装在烤房高温区，适熟烟叶装在烤房中温区，装烟稀密要均匀一致，上部烟叶装烟密度可以比烤房的正常容量多装 8%~12%。

3 烘烤

3.1 烤前检查

烘烤前要对个烤房的相关设备进行认真细致的检查，主要包括围护结构、加热系统、排湿系统、自动控制系统等，要保证各系统能正常运行。

3.2　烘烤原则

烘烤要掌握以下 4 个基本原则。（1）看烟叶特性决定烘烤方法。根据鲜烟叶特性制定与之相适应的烘烤方法，使烘烤方法与鲜烟叶特质匹配，才能确保烘烤质量。（2）看烟叶特性设定起火温度。（3）看烟叶变黄程度设定升温速度及需要达到并稳定的干球温度。（4）看烟叶变黄程度与失水程度设定湿球温度。

4　烘烤技术

4.1　变黄期烘烤技术

4.1.1　起火前方法

起火前，启动内循环系统运行 2h 左右。让气流在烟叶间循环流通，使烤房内烟层间空气湿度均匀，然后起火。并设定升温速度和需要的干球温度指标。

4.1.2　变黄前期温湿度设定

设定干球温度指标 30℃和升温时间 5h，设定湿球温度为 30℃，稳温时间一般设定为 5h。以干球温度指标 30℃为起点，设定升温速度为 1℃/h 升温到干球温度 33℃，湿球温度 33℃，稳温时间一般设定为 5h。以干球温度指标33℃为起点，设定升温速度为 1℃/h 升温到干球温度 36℃，湿球温度 36℃，稳温时间一般设定为 5h。当达到高温区烟叶叶尖变黄 10cm 以上的烘烤目标后，进行下次升温、稳温指标的设定。

4.1.3　变黄中期温湿度设定

以上一次稳温指标 36℃为起点，设定升温速度为 1℃/h 和需要升温达到并稳定的干球温度指标为 38℃，湿球温度设定为 37℃，设定稳温时间一般为15h。当达到高温区烟叶变软、叶片全黄的烘烤目标后，稳湿球升干球，进行下次升温、稳温指标的设定。

4.1.4　变黄后期温湿度设定

以上一次稳温指标 38℃为起点，设定升温速度为 1℃/h 和需要升温达到并稳定的干球温度指标为 40℃，湿球温度设定为 38℃，设定稳温时间一般为10h。以稳温指标 40℃为起点，设定升温速度为 1℃/h 和需要升温达到并稳定的干球温度指标为 42℃，湿球温度设定为 38.5℃，设定稳温时间一般为 10h。当达到高温区烟叶全黄、变软拖条，低温区烟叶全黄、主脉变软、支脉退青变白的烘烤目标后，进行定色期升温、稳温指标的设定。

4.2 定色期烘烤技术

4.2.1 定色前期烘烤技术

以上一次稳温指标 42℃ 为起点，设定升温速度为 0.5℃/h 和需要升温达到并稳定的干球温度指标为 48℃，湿球温度设定为 38.5℃，设定稳温时间一般为 15h。当达到高温区烟叶勾尖卷边，低温区烟叶拖条、主脉退青变白的烘烤目标后，进行下一次升温、稳温指标的设定。

4.2.2 定色后期烘烤技术

以上一次稳温指标 48℃ 为起点，设定升温速度为 1℃/h 和需要升温达到并稳定的干球温度指标为 50℃，湿球温度设定为 39℃，设定稳温时间一般为 5h。以上一次稳温指标 50℃ 为起点，设定升温速度为 1℃/h 和需要升温达到并稳定的干球温度指标为 55℃，湿球温度设定为 39℃，设定稳温时间一般为 10h。当达到高温区烟叶大卷筒，低温区烟叶小卷筒，即可进入干筋期温度设定。

4.3 干筋期烘烤技术

以上一次稳温指标 55℃ 为起点，设定升温速度为 1℃/h 和需要升温达到并稳定的干球温度指标为 58℃，湿球温度设定为 40℃，设定稳温时间一般为 5h。以上一次稳温指标 58℃ 为起点，设定升温速度为 1℃/h 和需要升温达到并稳定的干球温度指标为 60℃，湿球温度设定为 40℃，设定稳温时间一般为 15h。以上一次稳温指标 60℃ 为起点，设定升温速度为 1℃/h 和需要升温达到并稳定的干球温度指标为 65℃，湿球温度设定为 41℃，设定稳温时间一般为 10h。当达到全炉烟叶主脉干燥的烘烤目标后，整个烘烤过程完成。